Annette Schmitt

Australian Shepherd

Premium Ratgeber

bede bei Ulmer

Inhalt

Inhalt

Von den Ursprüngen zur Reinzucht

Der Australian Shepherd kann auf eine lange und internationale Geschichte zurückblicken.

Der Australian Shepherd, wie wir ihn heute kennen, hat eine wechselvolle Geschichte mit internationalen Vorfahren; er ist aus englischen, spanischen, australischen und amerikanischen Hunden entstanden; entgegen aller Vermutungen ist er also gar kein waschechter Australier. Doch der Reihe nach: Im 18. und 19. Jahrhundert zog es viele Briten nach Down Under, um sich hier als Farmer oder Schafzüchter zu versuchen. Ihre Collies nahmen sie natürlich mit, und die vermischten sich in der neuen Heimat schnell mit den Hunden vor Ort. Auch Kelpies und Cattledogs waren an der Entstehung des Aussies beteiligt. Anfang des 19. Jahrhunderts begann im Baskenland ebenfalls eine Auswanderungswelle von Schäfern mit ihren Pyrenäenschäferhunden, dieses Mal jedoch in die USA; dorthin wurden schon einige Zeit vorher spanische Merino-Schafe importiert, da deren Wolle in Amerika sehr begehrt war. Viele Basken siedelten sich aufgrund der ähnlichen Terrain- und Klimaverhältnisse wie in Europa im Südwesten der Vereinigten Staaten an. Einige Hirten gingen sogar bis nach Mexiko. Zu den Nordspaniern gesellten sich schottische Auswanderer; deren Collies vermischten sich wiederum schnell mit den anderen Hütehunden. Ende des 19. Jahrhunderts setzte zusammen mit dem Goldrausch im Westen Amerikas ein regelrechter Wollboom ein. Die Schafzucht blühte, weshalb sogar ganze Schafherden samt ihrer Hütehunde aus Australien importiert wurden. Schnell machten sich die australischen Vierbeiner, die, wie anfangs erwähnt, nun britisches Blut in sich trugen, einen Namen als hervorragende Schafhüter und so verpaarte man die relativ kleinwüchsigen Importschlager gerne mit allen anderen inzwischen vorhandenen Hütehunden; auch Deutsche Schäferhunde sollen darunter gewesen sein. Ziel der amerikanischen Schäfer war es, einen Vierbeiner zu schaffen, der sich sowohl für das Hüten als auch das Bewachen der Herden sowie von Haus und Hof eignete. Das Aussehen der Hunde spielte dabei noch keine große Rolle. Schon bald nannten die Schäfer ihre „Neuzüchtung“ nach dem Herkunftsland des nun weit verbreiteten Australian Sheep „Australian Shepherd“; auch der noch heute gebräuchliche Spitzname „Aussie“ setzte sich damals schnell durch.

Das Einsatzgebiet weitet sich aus

Aufgrund der vielen Schafherden war auch der Australian Shepherd als ausgezeichneter Arbeitshund bald in aller Munde. So interessierten sich zunehmend Viehtreiber für den intelligenten Vierbeiner. Die Größe der Hunde war ideal, um zu zweit eine Rinderherde treiben zu können.

Für einen einzelnen Hund wäre diese Aufgabe zu gefährlich gewesen, aber ein Paar hatte keine Probleme damit. Anfang des 20. Jahrhunderts wurden Aussies zum Treiben aller Nutzvieharten wie Puten, Gänse, Enten, Schafe, Ziegen, Rinder, Rentiere, Büffel und

Die erstklassigen Anlagen und seine vielseitige Einsetzbarkeit machten den Aussie schnell zum begehrten Begleiter amerikanischer Farmer.

Um Viehherden zu treiben, werden Shepherds immer zu zweit eingesetzt.

sogar Bisons verwendet. Farmer, die gleichzeitig große und kleine Tierarten hielten, schätzten besonders die Flexibilität und Anpassungsfähigkeit der Shepherds, schließlich verlangen Rinder eine rauere Art von den Hunden als Schafe oder Geflügel, die sanfter und ruhiger geführt werden müssen. Da andere Hütehunderassen hier zu nervös arbeiteten, etablierte sich der Australian Shepherd im Westen der Vereinigten Staaten in kurzer Zeit zum Hüte- und Treibhund Nummer 1. Seine Zähigkeit, Selbstständigkeit, Vielseitigkeit, Ausdauer und Intelligenz sowie sein Arbeitswille, seine Schnelligkeit und seine absolute Loyalität zu seinem Herrn machten den hübschen Vierbeiner nicht nur zu einem begehrten Helfer, sondern auch zu einem guten Freund der Farmer. Die hervorragenden Anlagen des Aussies und seine vielseitige Einsetzbarkeit auf einer Ranch sprachen sich schnell in anderen Teilen des Landes herum.
So richtig populär wurde der Australian Shepherd jedoch erst durch den Entertainer Jay Sisler aus dem Nordosten der USA, der auf Rodeoveranstaltungen mit seinen beiden „little blue dogs" als Showeinlage auftrat. Sisler ging im ganzen Land auf Tournee; seine Hunde, die unter anderem Seil springen konnten, auf einer Stange balancierten oder auf Leitern kletterten, waren so beliebt, dass manch anderer Hundebesitzer bei dieser Gelegenheit nichts gegen einen Genaustausch mit seinem Vierbeiner hatte. Nachkommen von Sislers Blue Merle Rüde „Shorty" wurden später Gründer der bekanntesten amerikanischen Zuchtlinien. Durch die zirkusreifen Vorführungen des Entertainers sah das Publikum den Aussie erstmals in einer anderen Funktion als nur als Hüte- und Treibhund. So machte sich der clevere Schäferhund allmählich auch als reiner Familienbegleiter einen Namen. Mitte der 1950er-Jahre wurde der Ruf nach einer korrekten Reinzucht immer lauter; schließlich gründete sich 1957 in Tuscon, Arizona, der Australian Shepherd Club of America (ASCA). Neun Jahre später entstand die Internatiol Shepherd Association (IASA), die Anfang der 1970er-Jahren das erste Zuchtbuch eröffnete. 1971 übernahm der ASCA die Registrierung der Aussies. 1974 führte man das Stockdog-Programm ein, um die Arbeitseigenschaften der Hunde zu erhalten und zu fördern. Einen ersten Rassestandard stellte 1977 der Australian Shepherd Club of America auf. 1980 schloss sich der ASCA mit der IASA zusammen; sie bilden bis heute den größten Einzelrasseclub Nordamerikas. Seit Anfang der 1990er-Jahre führt der American Kennel Club ebenfalls ein Zuchtbuch für Australian Shepherds; außerdem hat er 1993 einen eigenen Standard entwickelt. 1996 erkannte die FCI den Aussie vorläufig als Rasse an.

Der Aussie erobert Deutschland

Inzwischen hat der intelligente Arbeitshund innerhalb Europas vor allem in Deutschland viele Freunde gefunden. Ab 1970 war die Rasse zunächst als Begleiter von Westernreitern sehr beliebt, doch schnell fand sie auch als reiner Familienhund großen Anklang. 2001 schlossen sich einige deutsche VDH-Züchter zur Interessengemeinschaft Australian Shepherd zusammen mit dem Ziel einen zuchtbuchführenden Verein unter dem Dach des VDH zu gründen. Im Herbst 2004 war es dann so weit: der Club für Australian Shepherd Deutschland e. V. wird vom VDH als vorläufiges Mitglied anerkannt und gilt nun als zuchtbuchführender Verein für Australian Shepherds. Derzeit leben um die 4000 Aussies in Deutschland. Zwar gelten innerhalb des CASD für alle Züchter dieselben Zuchtkriterien, trotzdem jedoch kann der Zuchtschwerpunkt innerhalb eines Zwingers entweder auf der Arbeitslinie (reine Arbeitshunde, die aktiv an Tieren arbeiten und hier auch geprüft werden) oder auf der Showlinie (Hunde, die in der Regel als Familienbegleithunde leben) liegen.

In Deutschland hat der Aussie viele Anhänger gefunden, die ihn in der Regel als reinen Familienbegleit- und nicht als Arbeitshund halten.

Der Aussie – ein vielseitiger Helfer

Der Australian Shepherd ist bei Farmern ein sehr begehrter, da vielseitiger Gebrauchshund. Als Herdengebrauchshund ist es seine Aufgabe, das Vieh zusammen mit dem Schäfer über weite Strecken hinweg zu begleiten. Dabei muss er, gelenkt von Hör- und Sichtzeichen des Hirten, die Tiere sicher an Straßen und Flüssen vorbeiführen; außerdem sorgt er dafür, dass nur erlaubte Flächen abgegrast werden. Der Aussie arbeitet dabei möglichst ruhig, ohne großes Gebell.

Hält der Schäfer nur eine kleine Herde, ist der Australian Shepherd als Koppelgebrauchshund gefragt. Hierbei besteht seine Aufgabe im Treiben der ganzen Herde und im Aussondern einzelner Tiere innerhalb eines eingezäunten Bereiches (= Koppel).

Ein Hütehund wie der Aussie kann an ganz unterschiedlichen Tierarten eingesetzt werden; dies verlangt vom Vierbeiner ein hohes Maß an Flexibilität, denn möglicherweise sind ganz unterschiedliche Arbeitsweisen nötig; in jedem Fall muss sich der Hund zunächst einmal Respekt bei „seinem" Vieh verschaffen. Ein ausgeprägter Hütetrieb, ein perfekter Gehorsam, gute Nerven und eine enge Bindung zu seinem Herrn sind wichtige Voraussetzungen für ein erfolgreiches Arbeiten an einer Herde.

Ein ausgeprägter Hütetrieb, perfekter Gehorsam, gute Nerven und eine enge Führerbindung sind wichtige Voraussetzungen für ein erfolgreiches Arbeiten an einer Herde.

Rassestandard

Ein schöner, klassischer Aussie in bluemerle.

Im Standard ist festgehalten, wie ein perfekter Hund einer Rasse auszusehen hat. Aber auch ein kurzer Einblick in Veranlagung und Wesen wird darin gegeben.
Für den Australian Shepherd stellte 1977 der Australian Shepherd Club of America einen ersten Rassestandard auf. Heute ist der nachfolgende FCI-Standard gültig.

Australian Shepherd Standard-FCI-Nr. 342

Datum der Publikation des gültigen Originalstandards: 24.07.1996
Übersetzung Dr. J.-M. Paschoud und Frau R. Binder
Ursprungsland USA

Verwendung Hüte- und Wachhund

Klassifikation FCI Gruppe 1, Hüte- und Treibhunde (ausgenommen Schweizer Sennenhunde), Sektion: Schäferhunde ohne Arbeitsprüfung

Kurzer historischer Abriss

Obschon es zahlreiche Theorien über den Ursprung des Australischen Schäferhundes gibt, wissen wir heute, dass diese Rasse sich ausschließlich in den USA entwickelt hat. Er hat den Namen Australischer Schäferhund erhalten, weil angenommen wird, dass um 1800 baskische Schafhirten bei ihrer Einwanderung von Australien nach Amerika diese Hunde mitbrachten.

Typisch für den Aussie ist der aufmerksame, intelligente, wachsame und lebhafte Augenausdruck. Sein Blick ist durchdringend, aber freundlich.

Die Beliebtheit des Australischen Schäferhundes nahm nach dem zweiten Weltkrieg parallel zur schnellen Entwicklung der Western-Reiterei zu, welche durch Rodeos, Pferderennen, Kino- und Televisionsberichte allgemein bekannt und volkstümlich wurde. Seine vielfachen Begabungen und die Leichtigkeit, ihn auszubilden, machten ihn zu einem nützlichen Zubehör für Ranches und Farmen in Amerika. Die Farmer in den USA sorgten für die Weiterentwicklung der Rasse und die Erhaltung seiner vorteilbringenden Eigenschaften, seiner scharfen Intelligenz, seines ausgesprochenen Herdentriebes sowie seines attraktiven Erscheinungsbildes, welches schon ursprünglich die Bewunderung aller auf sich gezogen hatte. Obschon jeder einzelne Hund ein Unikum in Farbe und Zeichnung darstellt, zeigen alle Australischen Schäferhunde eine unübertreffbare Anhänglichkeit gegenüber ihrem Meister und seiner Familie. Seine zahlreichen guten Eigenschaften haben seine stetige Beliebtheit aufrechterhalten.

Allgemeines Erscheinungsbild

Der Australische Schäferhund ist gut proportioniert, etwas länger als hoch und von mittlerer Größe und Knochenstärke. Die Farben seines Haarkleides haben eine große individuelle Variationsbreite.
Er ist aufmerksam und lebhaft, geschmeidig und beweglich, kräftig und gut bemuskelt, jedoch ohne jede Schwere. Sein Haar ist mittellang und mäßig grob. Er hat entweder eine kupierte oder eine natürliche Stummelrute.

Wichtige Proportionen

Die Länge des Rumpfes (von der Brustbeinspitze zum Sitzbeinhöcker gemessen) ist etwas größer als die Widerristhöhe. Der Australische Schäferhund ist somit etwas länger als hoch.

Körperbau

Robust, Knochenstärke mäßig. Der Körperbau des Rüden ist geschlechtstypisch kräftig, ohne jedoch derb zu wirken. Die Hündin ist sehr weiblich in ihrem Aussehen, jedoch ohne jegliche Schwäche in ihrem Knochenbau.

Verhalten und Charakter

Der Australische Schäferhund ist ein intelligenter Arbeitshund mit ausgesprochenem Hüte- und Bewachungsinstinkt. Er ist ein pflichtgetreuer Gefährte und fähig, mit Ausdauer den ganzen Tag zu arbeiten. Er ist charakterlich ausgeglichen und gutmütig, selten streitsüchtig. Beim ersten Kontakt mag er etwas reserviert sein. Jede Spur von Scheuheit, Ängstlichkeit oder Aggressivität muss streng bestraft werden.

Kopf – Oberkopf

Mit sauberen Umrisslinien, kräftig und trocken steht der Kopf in einem guten Größenverhältnis zum Körper.

Schädel Das Schädeldach ist flach bis leicht gewölbt. Der Hinterhauptstachel kann etwas sichtbar sein. Die Schädellänge entspricht der Schädelbreite.
Stopp Der Stopp ist mäßig ausgeprägt.

Gesichtsschädel

Nasenschwamm Bei Bluemerle und bei Hunden mit schwarzem Haarkleid sind der Nasenschwamm und die Lippen schwarz pigmentiert, bei Redmerle und Hunden mit rotem Haarkleid leberfarben (braun). Bei den Merlehunden sind kleine rosarote Flecken zulässig. Diese sollten jedoch bei Hunden, die älter als einjährig sind, nicht mehr als 25% der Fläche des Nasenschwammes einnehmen: sonst ist es ein schwerer Fehler.
Fang Er ist gleich lang oder etwas kürzer als der Schädel. Von der Seite gesehen verlaufen die Begrenzungslinien von Schädel und Fang parallel. Der Stopp ist mäßig ausgebildet, aber deutlich umrissen. Der Fang verjüngt sich nur wenig vom Ansatz bis zum Nasenschwamm und ist am Ende abgerundet.
Zähne Komplettes Scherengebiss mit kräftigen, weißen Zähnen: Zangengebiss wird toleriert.
Augen Sie sind braun, blau, bernsteinfarben oder ihre Farbe ist eine Kombination oder Variation dieser Farben, auch gefleckt oder marmoriert. Mandelförmig, weder vorstehend noch eingesunken. Die Bluemerle und die Hunde mit schwarzem Haarkleid weisen eine schwarze Augenumrandung auf; die Redmerle und die Hunde mit rotem Haarkleid zeigen eine leberfarbene (braune) Pigmentierung. Ausdruck: Aufmerksam und intelligent, wachsam und lebhaft. Der Blick ist durchdringend, aber freundlich.
Ohren Dreieckig, von mäßiger Größe und Dicke, hoch am Kopf angesetzt. Bei voller Aufmerksamkeit kippen die Ohren nach vorne oder nach der Seite wie ein Rosenohr. Stehohren und Hängeohren sind schwere Fehler.

Hals Kräftig, von mäßiger Länge, Oberlinie leicht gewölbt. Der Hals geht harmonisch in die Schulterpartie über.

Körper

Obere Linie Der Rücken ist gerade und kräftig, fest und verläuft horizontal von Widerrist bis zu den Hüften.
Untere Linie Mäßig aufgezogen.
Kruppe Mäßig abfallend.
Brust Nicht breit, dafür aber tief: sie reicht an ihrem tiefsten Punkt bis zur Höhe der Ellbogen.
Rippen Lang und gut gewölbt; der Brustkorb ist weder tonnenförmig noch flach.

Rute Gerade, kupiert oder angeborene Stummelrute; sie sollte nicht länger sein als 10 cm (4 inches). In Deutschland ist das Kupieren der Rute verboten; Hunde mit kupierten Ruten (z.B. aus den USA) dürfen hier nicht ausgestellt werden. Die Stummelrute (NBT = Natural Bobtail) kann von 1 bis 99 % jede Länge haben.

Beim aufmerksamen Aussie kippen die Ohren nach vorne oder wie ein Rosenohr zur Seite.

Den Australian Shepherd gibt es in den unterschiedlichsten Farben.

Gliedmaßen

Schultern Schulterblätter lang, flach und gut schräg gelagert: Schulterblattkuppen am Widerrist ziemlich nahe beieinander liegend. Der Oberarm sollte ungefähr gleich lang sein wie das Schulterblatt: er steht ungefähr in einem rechten Winkel zum Schulterblatt, mit geraden und senkrecht zum Boden stehenden Vorderläufen.

Läufe Gerade und kräftig, Knochen stark und eher von ovalem als von rundem Querschnitt.

Vordermittelfuß Von mittlerer Länge, sehr leicht schräg. Afterkrallen können entfernt werden.

Vorderpfoten Oval, kompakt, mit eng aneinander liegenden, gut gewölbten Zehen. Ballen dick und elastisch.

Hinterhand Die Breite der Hinterhand ist ungefähr gleich wie die der Vorderhand auf Schulterhöhe. Die Winkelung des Beckens zum Oberschenkel stimmt mit der Winkelung des Schulterblattes zum Oberarm überein und entspricht ungefähr einem rechten Winkel.

Kniegelenk Ausgeprägt.

Sprunggelenk Mäßig gewinkelt.

Hintermittelfuß Kurz, von hinten gesehen senkrecht und parallel gestellt. Afterkrallen müssen entfernt sein.

Hinterpfoten Oval, kompakt, mit eng aneinander liegenden, gut gewölbten Zehen. Ballen dick und elastisch.

Gangwerk

Die Gangart des Australischen Schäferhundes ist geschmeidig, leicht und frei. Er ist behände mit einem harmonischen, raumgreifenden Bewegungsablauf. Vorder- und Hinterläufe bewegen sich gerade und parallel zur mittleren Achse des Körpers. Bei zunehmender Geschwindigkeit nähern sich Vorder- und Hinterpfoten der mittleren Schwerpunktslinie des Körpers, während der Rücken fest und gerade bleibt. Er muss flink und fähig sein, augenblicklich einen Richtungswechsel vorzunehmen oder eine andere Gangart einzuschlagen.

Haarkleid

Beschaffenheit Von mittlerer Textur, gerade bis gewellt, wetterbeständig und von mittlerer Länge: die Dichte der Unterwolle ändert sich den klimatischen Bedingungen entsprechend. Das Haar ist kurz und glatt am Kopf, an den Ohren, an der Vorderseite der Vorderläufe und unterhalb der Sprunggelenke. Die Hinterseiten der Vorderläufe und die „Hosen" sind mäßig befedert. Mähne und Halskrause sind mäßig ausgebildet, bei den Rüden mehr als bei den Hündinnen. Ein atypisch beschaffenes Haarkleid ist ein schwerer Fehler.

Farbe des Haares Bluemerle, schwarz, redmerle, rot, alle mit oder ohne weiße und/oder kupferfarbenen „Brand" Abzeichen. Keine Farbe soll der anderen bevorzugt werden. Die Haarlinie des weißen Kragens darf nicht weiter als bis zum Widerrist reichen. Weiß ist zulässig am Hals (ganzer oder unvollständiger Kragen), an der Brust, an den Läufen, an der Unterseite des Fangs, Blesse am Kopf und weiße Unterseite des Körpers, welche, von einer horizontalen Linie in Ellbogenhöhe an gemessen, sich bis zu einer Länge von 10 cm (4 inches) ausdehnen darf. Weiß am Kopf soll nicht vorherrschen, und die Augen sollen vollständig von Farbe und Pigment umgeben sein. Es ist charakteristisch, dass Hunde in bluemerle mit zunehmendem Alter dunkler werden.

Der Mini-Aussie

Der Miniature Australian Shepherd ist durch eine gezielte Zucht mit kleineren Hunden (unter 45 cm Schulterhöhe) entstanden, die immer wieder mal in Aussie-Würfen auftraten. In den USA haben sich zwei getrennte Verbände, nämlich der North American Shepherd Club (NASC) und der Miniature Australian Shepherd Club (MASC) der Minihunde angenommen. Der NASC sieht den kleinen Aussie unabhängig vom Australian Shepherd als eigenständige Rasse, während der MASC den Minihund nur als Zwergausgabe des Australian Shepherd fördert. Mini-Aussies werden 33 cm bis 46 cm hoch. Von ihrem äußeren Erscheinungsbild und ihrem Wesen her entsprechen sie genau ihrem „großen" Bruder, dem Australian Shepherd. Inzwischen gibt es auch hierzulande einige Mini-Züchter; von der FCI ist der Miniature Aussie jedoch nicht als Rasse anerkannt.

Größe

Die bevorzugte Widerristhöhe ist 51–58 cm (20–23 inches) für Rüden und 46–53 cm (18–21 inches) für Hündinnen. Bei der Beurteilung der Größe ist die Qualität des Hundes wichtiger als eine leichte Abweichung von der Idealgröße.

Fehler

Jede Abweichung von den vorstehenden Punkten muss als Fehler angesehen werden. Allerdings sollte dessen Bewertung in genauem Verhältnis zum Grad der Abweichung stehen.

Ausschließende Fehler

Vor- und Rückbiss von mehr als 3 mm (1/8 inches): Kontaktverlust durch kurze zentrale Schneidezähne bei sonst korrektem Gebiss soll nicht als Vorbiss beurteilt werden; durch Unfall abgebrochene oder fehlende Zähne dürfen nicht bestraft werden. Weiße Flecken am Körper, d.h. zwischen Widerrist und Rute und seitlich zwischen Ellbogen und Hinterseite der Hinterläufe; dies ist gültig für alle Farben.

Nachbemerkung Rüden sollen zwei normal entwickelte Hoden aufweisen, welche sich vollständig im Hodensack befinden.

Verhalten und Charakter

Ein Aussie braucht viel Bewegung und Beschäftigung; er muss bei jedem Wetter gefordert werden, um ausgeglichen und glücklich zu sein.

Der Australian Shepherd ist nach wie vor ein echtes Arbeitstier, das unbedingt gefordert werden will und muss, um seine positiven Eigenschaften voll entfalten zu können. Klar, dass sich wohl kaum ein Aussie-Halter zur Beschäftigung seines Vierbeiners eine Schafherde anschafft, trotzdem aber braucht der intelligente Hütehund eine Aufgabe, die ihn auslastet. Daher kann der Australian Shepherd auch keineswegs als anspruchsloser Familienbegleiter gesehen werden, der sich am Ende sogar noch selbst erzieht. Nein, der Aussie ist eine Rasse für sportliche Outdoorfans mit viel Zeit. Seine enorme Intelligenz ist gepaart mit einem großen Temperament. Er braucht viel abwechslungsreiche Bewegung bei jedem Wetter und außerdem unbedingt Kopfarbeit. Langeweile erträgt er nicht. Hat ein Aussie nichts zu tun, sucht er sich selbst eine Aufgabe wie Fahrräder, Kinder oder andere Haustiere hüten. Dies kann sehr lästig sein und manchmal sogar in neurotisches Verhalten münden. Unterforderte, unausgeglichene Shepherds werden unter Umständen aus Unzufriedenheit sogar aggressiv. Ein aussiegerechtes, mehrstündiges Animationsprogramm ist für den quirligen Einstein also absolut Pflicht und zwar täglich. Aussiehalter müssen daher auch sehr kreativ sein.

Jeder Aussie ist anders

Australian Shepherds können nicht nur äußerlich, sondern auch wesensmäßig sehr unterschiedlich sein. Viele Aussies ticken anders als andere Hunde. Sie sind so intelligent, dass sie sogar Dinge lernen, die ihr Halter gar nicht beabsichtigt und das schon durch bloßes Zusehen und Nachahmung; außerdem lernen die Hunde schnell durch gewollte oder unbeabsichtigte Verstärkung des Hundeführers. Dies kann für den Zweibeiner dann durchaus anstrengend sein. Auch hinsichtlich des Temperaments gibt es große Unterschiede: Einige Vierbeiner scheinen nie müde zu werden, andere hingegen geben sich gelassener und nicht ganz so energiegeladen. Dies hat häufig mit Veranlagung zu tun: Hunde aus reinen Arbeitslinien sind in der Regel aktiver als Shepherds, die in erster Linie als Familienbegleiter gezüchtet wurden.

Aussies reagieren sehr empfindsam und fast wie ein Spiegel auf die jeweilige Stimmungslage ihres Halters, das heißt: Ist Herrchen oder Frauchen traurig, sind sie es auch; genauso verhält es sich bei Freude, Nervosität oder Aufregung. Daher ist ein Shepherd auch nicht unbedingt für extrem nervöse oder hektische Menschen geeignet, zu

„Gemeinsam gehen wir durch dick und dünn – mein Hundekumpel und ich." Gut sozialisiert vertragen sich Aussies gut mit Artgenossen.

schnell könnte der sensible Vierbeiner hier zu einem unsicheren Nervenbündel werden.

Anspruchsvoller Familienhund

Grundsätzlich ist der Australian Shepherd ein guter Familienhund. Er braucht unbedingt engen Kontakt zu seinen Leuten, ist sehr anhänglich, gutmütig, liebevoll und treu. Seiner Familie gegenüber ist er absolut zuverlässig und loyal; für sie würde er sogar sprichwörtlich durchs Feuer gehen. Fremden gegenüber zeigen sich manche Aussies offen und überschwänglich freundlich, andere dagegen sind zunächst eher distanziert und misstrauisch. Aufgrund seiner großen Menschenbezogenheit ist der Shepherd nicht für eine Zwingerhaltung geeignet. Hier würde er physisch und psychisch verkümmern. Auch regelmäßiges

Der Aussie weiß sich gekonnt in Szene zu setzen und Schwächen seiner Menschen nützt er gnadenlos aus.

langes Alleinbleiben ist nicht unbedingt sein Ding, es sei denn, er hat Gesellschaft durch einen Zweithund; am liebsten ist der schöne Hütehund immer und überall mit dabei.

Bei einer angemessenen Auslastung zeigt sich der Aussie im Haus ausgeglichen, ruhig und sanft. Streicheleinheiten und Schmusestunden sind ihm äußerst willkommen. In seinem Revier ist der einstige Viehhüter sehr wachsam, nie jedoch aggressiv. Typisch für den Aussie ist eine sehr subtile Körpersprache, die sein Halter erlernen muss, um ihn genau zu verstehen. Hierfür ist viel Einfühlungsvermögen und Sensibilität nötig.

Cleveres Kerlchen sucht Menschen mit Köpfchen

Weiß man einen Australian Shepherd richtig zu nehmen, zeigt er sich als relativ leichtführig, denn stimmt das Vertrauensverhältnis zwischen ihm und seinem Zweibeiner, möchte er seinem Halter unbedingt gefallen. Aufgrund seiner einstigen Bestimmung, selbstständig und verantwortungsvoll Viehherden zu hüten, kann er aber auch bei seinen Leuten ein großes Durchsetzungsvermögen an den Tag legen. Für seine Erziehung und Ausbildung ist daher viel Feingefühl, liebevolle Konsequenz und Hundeverstand gefragt. Brutaler Drill und Härte sind für die sensible Hundeseele absolutes Gift. Ein wahres Lebenselexier ist für den empfindsamen Vierbeiner dagegen Lob und Bestätigung. Der Besuch einer kompetenten Hundeschule ist von Anfang an empfehlenswert, denn hier kann der intelligente Vierbeiner seinen Anlagen und Neigungen entsprechend gefordert und ausgelastet werden. Da der Aussie für jeden Spaß zu haben ist, spricht er sehr gut auf eine humorvolle und spielerische Erziehung an. Langweilige Spaßbremsen sollten also von der Anschaffung eines Australian Shepherds Abstand nehmen, denn beide Seiten werden keine Freude aneinander haben. Der quirlige Vierbeiner ist für seine komödiantische Ader bekannt, dabei spielt auch seine sehr vielfältige Mimik eine große Rolle.

Gekonnt setzt er sich in Szene und überlistet inkonsequente Menschen blitzschnell mit viel Charme zu seinen Gunsten. Schwächen seines Halters durchschaut der clevere Vierbeiner sofort.

Grundsätzlich gelten Aussies als Spätzünder, die erst mit zwei bis drei Jahren voll ausgereift sind.

Hütehund aus Leidenschaft

Kinder liebt der gelehrige Vierbeiner in der Regel sehr, vorausgesetzt natürlich Hund und Kinder werden zu einem richtigen Verhalten und Umgang miteinander angeleitet.

Wurde der hübsche Schäferhund schon im Welpenalter gut sozialisiert, ist er normalerweise auch später noch sehr verträglich mit Artgenossen.

Zwischen Hund und Kind kann eine richtig dicke Freundschaft entstehen.

Wird der Aussie seinen Ansprüchen entsprechend gehalten, gibt er dies tausendfach zurück.

An andere Haustiere gewöhnt sich der einstige Hütehund schnell; häufig kommt hier sein enormer Hüte- und Wachinstinkt durch, der ihm sagt, seine „Herde" keinesfalls aus den Augen zu lassen. Das Hüten kann übrigens auch ein Schnappen (nicht Beißen!) des Hundes nach den Fesseln, den Händen oder dem Gesicht eines vermeintlichen Herdentieres beinhalten. Bei manchen Aussies ist der Beschützerinstinkt noch so stark ausgebildet, dass auch Kinder oder bestimmte Gegenstände des „Rudels" notfalls sogar mit Schärfe gegen Fremde bewacht werden. In einem solchen Fall kann eine besonders konsequente Erziehung von Nöten sein.

Alles in allem ist der Australian Shepherd ein toller, aber auch sehr anspruchsvoller Begleiter, der viel Aufmerksamkeit, Zuneigung, Abwechslung und Beschäftigung braucht. Stimmt jedoch die Chemie zwischen Halter und Hund, bekommt man mit einem Aussie einen einmaligen Freund fürs Leben.

Klasse vor Masse

Derzeit erlebt der Australian Shepherd einen regelrechten Boom; dies bringt natürlich viele Schwarzzuchten auf den Plan, die am laufenden Band preisgünstige Vierbeiner mit dubiosen oder gänzlich ohne Papiere „produzieren". Um einen wirklich wesensstarken, gesunden und robusten Hund zu bekommen, ist es daher umso wichtiger, ihn bei einem seriösen, verantwortungsvollen VDH-Züchter zu erwerben. Hier gelten strenge Auflagen, die nur Hunde zur Zucht zulassen, die physisch und psychisch völlig gesund sind.

Der Aussie heute

Der Aussie macht bei den unterschiedlichsten Sportarten begeistert mit.

Vor allem in den USA ist der Australian Shepherd nach wie vor ein begehrter Hüte- und Treibhund. Hierzulande betreut der intelligente Vierbeiner eher selten eine eigene Viehherde. Trotzdem gibt es für Aussies und ihre Halter die Möglichkeit, über die zuständigen Rassezuchtvereine Hüteseminare zu besuchen und sogar an Wettbewerben (Trials) teilzunehmen.

In der Regel wird der hübsche Vierbeiner als Familienbegleithund gehalten. Zur Entfaltung all seiner positiven Wesenszüge braucht er jedoch eine angemessene Auslastung; daher treiben etliche Shepherds mit ihren Leuten Hundesport. Bei der Auswahl der passenden Sportart ist der temperamentvolle Vierbeiner nicht wählerisch: Agility macht ihm genauso viel Spaß wie Turnierhundesport, Flyball, Dogdancing, Obedience oder die hobbymäßige Fährtensuche.

Als Reitbegleithund ist der ehemalige Schafshüter ebenfalls gut geeignet.

Manche Aussies werden auch als Rettungshund für den Lawinen- und Trümmereinsatz ausgebildet. Vor Trainingsbeginn erfolgt hier eine eingehende Prüfung auf Wesensfestigkeit und Nasenarbeit, denn nur physisch und psychisch völlig gesunde Hunde sind für die Arbeit als Rettungshund geeignet.

Sensibler Helfer mit Herz, Hirn und Humor

Mit seiner feinen Nase gibt der Shepherd außerdem einen hervorragenden Spürhund ab. Auch zur Fährten- und Flächensuche sowie zum Mantrailing wird er eingesetzt.

Außerdem kommt der sensible Vierbeiner als Behindertenbegleithund zum Einsatz. Voraussetzungen für die Ausbildung sind Lernwilligkeit, Unterordnungsbereitschaft, eine hohe Reizschwelle, Aggressionsfreiheit und Apportierfreude. Neben den praktischen Hilfestellungen im Alltag, die der Australian Shepherd gehandicapten Menschen gibt, übernimmt der vierbeinige Helfer auch eine psychologische Funktion. Ein Behindertenbegleithund verhilft zu neuem Selbstbewusstsein; er trägt maßgeblich dazu bei, eventuelle Hemmschwellen zu überwinden und verschafft Herrchen oder Frauchen schnell Kontakte zu anderen Hundebesitzern.

Aufgrund seiner Feinfühligkeit, Menschenfreundlichkeit und seines liebenswerten Auftretens ist das intelligente Arbeitstier ebenfalls ein toller Therapiehund. Altenheime, Krankenstationen oder Einrichtungen für Behinderte, die jemals mit einem Aussie zusammenarbeiten durften, schätzen ihn als Therapiehelfer sehr. Vor allem Kinder finden in dem flau-

In therapeutischen Einrichtungen hat sich der Aussie als einfühlsamer Helfer bewährt.

Hütearbeit auch ohne eigene Herde

Das Hüten verschiedener Tierarten kann auch ohne eigene Herde mit einem Australian Shepherd geübt werden. Der „Western Europe Working Australian Shepherd Club e.V." (WEWASC), der dem „Australian Shepherd Club of America" (ASCA) angeschlossen ist, seinen Sitz aber im deutschen Aschaffenburg hat, bietet europaweit in enger Zusammenarbeit mit den Rassezuchtverbänden Hüteseminare und -Trials für Aussies und deren Halter an. Das Training erfolgt durch kompetente, erfahrene Ausbilder; eine ruhige, stressfreie Atmosphäre für alle zwei- und vierbeinigen Beteiligten hat dabei oberste Priorität. Bei einem Trial (Wettbewerb) starten die Hunde je nach Ausbildungsstand und zu hütender Tierart (Rinder, Schafe oder Enten) in unterschiedlichen Klassen; auch das Alter des Hundeführers spielt bei der Einteilung eine Rolle. Dem sechsbeinigen Team werden nun diverse Aufgaben wie „Die Herde in einen Pferch treiben", „Mit der Herde ein Hindernis passieren", „Einzelne Tiere von der Herde abspalten" etc. gestellt, die es möglichst korrekt auszuführen gilt. Mit Erfolgen bei nationalen Trials kann man sich auch für Wettbewerbe auf internationaler Ebene qualifizieren. Weitere Informationen erhalten Sie im Internet unter: www.wewasc.com

Wenn Aussie und Kind gemeinsam aufwachsen, haben sie einen Kumpel fürs Leben.

Der Aussie ist ein guter Reitbegleithund.

schigen Vierbeiner einen liebevollen und zarten Seelentröster, wenn es darauf ankommt aber auch einen lustigen Clown, der gekonnt von Alltagsproblemen und Krankheiten ablenkt.

Seine hohe Intelligenz und schnelle Auffassungsgabe sowie sein komödiantisches Talent machen den Aussie sogar immer wieder zu beliebten Fernsehstars.

Der Australian Shepherd ist also ein sehr vielseitiger Vierbeiner, der eine Aufgabe braucht, um ausgeglichen und glücklich zu sein. Am liebsten arbeitet er als gleichberechtigter Partner zusammen mit seinem Führer im Team. Stimmt der Draht zum Zweibeiner, ist er mit Spaß bei der Sache und zeigt sich stets hochmotiviert.

Anforderungen an den Halter

Gemeinsam mit Frauchen oder Herrchen die Natur genießen – das gefällt!

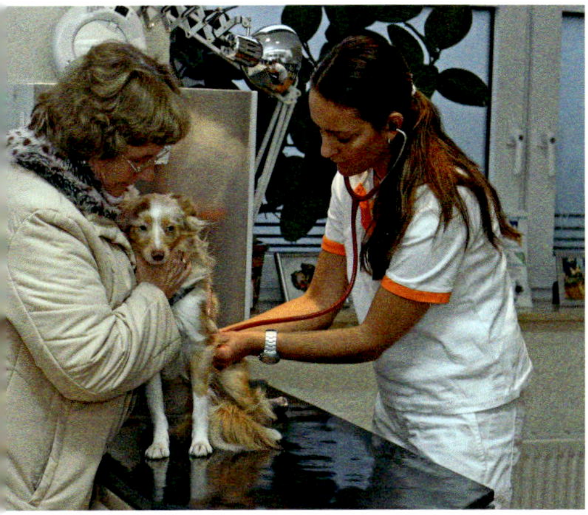

Tierarztkosten – ob nur Routineuntersuchung oder bei Erkrankungen – sind meist teuer und müssen schon bei der Anschaffung mit eingeplant werden.

Fragen, die vorab zu klären sind

Überlegen Sie die Anschaffung eines Australian Shepherds gut, immerhin liegt seine durchschnittliche Lebenserwartung bei etwa 13 Jahren. Bedenken Sie daher schon im Vorfeld genau, ob es Ihnen finanziell möglich ist, für sämtliche Kosten, die der Hund mit sich bringt, über Jahre hinweg aufzukommen. Neben den Kosten für die Grundausstattung sowie für den Erwerb des Hundes selbst, schlägt sich die tägliche Futterration natürlich deutlich in Ihrem Geldbeutel nieder. Zusätzlich müssen Sie eine Haftpflichtversicherung sowie regelmäßige Impfungen und Entwurmungen bezahlen. Schnell kann Ihr Vierbeiner auch unvorhergesehen erkranken, unter Umständen sind sogar langwierige und teure tierärztliche Behandlungen nötig.

Überlegen Sie außerdem, ob die äußeren Gegebenheiten stimmen. Haben Sie genug Platz für einen Australian Shepherd? Der vierbeinige Naturbursche passt sicherlich nicht in ein Hochhaus in der Innenstadt. Auch darf er nicht, aus Platzmangel in der Wohnung, in einem Zwinger gehalten werden. Hier würde das Sensibelchen physisch und psychisch verkümmern. Am wohlsten fühlt sich der temperamentvolle Vierbeiner in einem ländlichen Heim mit Garten. Wichtig ist dabei ein genügend hoher, intakter Gartenzaun, damit sich Ihr Aussie nicht unerlaubt aus dem Staub macht; vor allem gelangweilte Shepherds und unkastrierte Rüden könnten ohne Zaun schnell dem Duft der großen weiten (Damen-) Welt erliegen; das enorme Sprungtalent der Hunde ist dabei nicht zu unterschätzen; mit einem guten Zaun allerdings kann sich der Vierbeiner auch unbeaufsichtigt draußen aufhalten, ohne zu entwischen.

Als zukünftiger Hundebesitzer müssen Sie sich außerdem darauf einstellen, dass ein vierbeiniger Mitbewohner jede Menge Dreck mit ins Haus bringt. Ebenfalls darf der Fellwechsel im Frühjahr und Herbst nicht vergessen werden, der an Ihren Kleidern, Poltermöbeln und Teppichen nicht spurlos vorübergeht.

Fragen Sie nach, ob Ihr Vermieter mit der Anschaffung eines Hundes einverstanden ist. Erkundigen Sie sich auch, ob Sie den Hund, bei Abwesenheit aller anderen Familienmitglieder, mit ins Büro nehmen dürfen, immerhin bleibt der anhängliche Aussie nicht gerne

Bedenken Sie …

Schaffen Sie den Hund nicht für Ihre Kinder an, sondern für sich: schnell verlieren Kinder das Interesse oder gehen, flügge geworden, aus dem Haus. Sie müssen voll und ganz hinter einer Hundeanschaffung stehen, denn die Hauptarbeit bleibt unter Umständen bald an Ihnen hängen.

Australian Shepherds sind wahre Energiebündel, die gut mit Hundesport gefordert werden können.

allein, es sei denn, er hat Gesellschaft durch einen Zweithund.

Denken Sie an die Ferienzeit: Sind Sie gewillt, in zukünftigen Urlauben mit Hund eventuelle Abstriche, Zielort und Unternehmungen betreffend, zu machen? Möchten Sie ohne Hund verreisen, überlegen Sie vorab, ob Sie einen lieben Hundesitter an der Hand hätten oder eine gute Hundepension bezahlen können.

Rassebedürfnisse

Passen die finanziellen und äußeren Gegebenheiten optimal zu einer Hundeanschaffung, überlegen Sie sich gut, ob Sie auf Dauer, das heißt ein Hundeleben lang, genügend Zeit und Lust haben, den Ansprüchen eines Australian Shepherds gerecht zu werden. Die meisten Rassevertreter sind temperamentvolle Energiebündel, die unbedingt gefordert werden müssen, um ausgeglichen und glücklich zu sein. Täglich mehrere Stunden Auslauf und zwar bei jedem Wetter sind für den bewegungsfreudigen Naturburschen unbedingt nötig. Dabei muss er die Möglichkeit haben, sich richtig auszupowern und darf nicht nur an der kurzen Leine geführt werden. Er eignet er sich gut für sportliche Outdoorfans, die mit einfühlsamem Hundeverstand auf das sensible Wesen des Hütehundes eingehen. Menschen, die sich nicht gerne bewegen und Couchpotaoes sei dringend von einer Anschaffung abgeraten, denn der intelligente

Sind die Welpen noch so süß, tätigen Sie keinen Spontankauf, sondern überlegen Sie die Anschaffung eines Aussies gut.

Geht man voll und ganz auf die Bedürfnisse des Aussies ein, bekommt man mit ihm einen Freund fürs Leben.

Vierbeiner ist ein richtiges Arbeitstier, das am liebsten gemeinsam mit seinen Leuten etwas unternimmt. Kreative Action und Humor dürfen dabei nicht zu kurz kommen. Teamarbeit ist für den Aussie enorm wichtig, dabei ist er gerne unverzichtbarer Partner seines Hundeführers.

Der temperamentvolle Vierbeiner liebt Hundesport jeglicher Art. Abwechslung ist bei ihm Trumpf; damit er sich nicht langweilt, darf deshalb auch Kopfarbeit keinesfalls fehlen. Überlegen Sie sich also vorab, ob Sie wirklich gewillt sind, Ihrem bellenden Freizeitpartner die große Freude zu machen, mindestens einmal in der Woche mehrere Stunden auf einem Hundesportplatz zu verbringen.

Stimmt die Chemie zwischen Ihnen und Ihrem Hund, wird es nichts geben, was der treue Vierbeiner nicht für Sie tut. Menschen, die einen Australian Shepherd rein als Prestigeobjekt ansehen, werden auf Dauer nicht glücklich mit einem fordernden Lebewesen wie es ein Hund nun mal ist; auch der Vierbeiner hat hier vermutlich schlechte Karten, mit all seinen Bedürfnissen voll zum Zug zu kommen. Ist es Ihnen jedoch möglich, einen Aussie gänzlich in Ihr Leben zu integrieren, geht es nun an die Auswahl des Hundes.

Beachten Sie außerdem ...

Werden Sie nicht beim Anblick eines niedlichen Aussie-Welpen unüberlegt schwach, tätigen Sie also keinen Spontankauf, sondern denken Sie wirklich gründlich über eine Anschaffung nach. Auch die Anschaffung einer Miniatur-Ausgabe darf Sie nicht über dieselben Bedürfnisse, wie sie ein großer Shepherd hat, hinwegtäuschen. Selbst Aussie-Mischlinge können noch viel Shepherd-Erbe in sich tragen und daher sehr anspruchsvolle Hunde sein.

Welpe oder erwachsener Hund?

Zieht ein älterer Vierbeiner bei Ihnen ein, ist er zwar schon aus dem Gröbsten raus. Allerdings kann sich der Hund auch schon allerlei Unfug angewöhnt haben.

Haben Sie sich für die Anschaffung eines Australian Shepherds entschieden, stehen Sie nun vor der Frage, ob Sie einen Welpen oder einen erwachsenen Vierbeiner aufnehmen wollen. Ein Welpe ist wie ein Rohdiamant, den Sie erst schleifen müssen. Dies kostet viel Zeit und Geduld, sicherlich auch Nerven und Anstrengungen. Er verlangt ständige Zuwendung, auch nachts. Es dauert eine Weile bis der kleine Kerl stubenrein ist. Außerdem muss er erst lernen, alleine zu bleiben, muss sich an fremde Menschen, Tiere und einen normalen Alltag gewöhnen. Ein Welpe benötigt anfangs noch drei- bis viermal am Tag Futter; zudem sind mehrere kurze Spaziergänge sinnvoller als ein ganz langer, denn die noch weichen Knochen und Gelenke des Hundekindes können sich durch Überbeanspruchung fehlentwickeln. Die Erziehung eines jungen Hundes sowie die eventuell etwas renitente Flegelphase werden Sie voll und ganz fordern. Andererseits lässt sich ein Welpe noch gut formen, er entwickelt sich

Die renitente Flegelphase zu überstehen kann manchmal ganz schön anstrengend sein …

also größtenteils genau zu dem, zu dem sie ihn machen. Natürlich auch im negativen Sinne: haben Sie nicht von Anfang an eine klare Linie in Ihrer Erziehung, bekommen Sie bald einen aufsässigen, verzogenen Fratz, der Ihnen im Erwachsenenalter schnell über den Kopf wächst.

Mit einem älteren Vierbeiner kann dagegen schon etwas mehr Ruhe in Form einer ausgereiften Hundepersönlichkeit bei Ihnen einziehen. In der Regel ist ein erwachsener Shepherd aus dem Gröbsten raus, er ist stubenrein, ist mit Halsband und Leine vertraut, kann ab und zu mal alleine bleiben und kennt mindestens die erzieherischen Grundkommandos wie Sitz, Platz, Hier und Pfui – vorausgesetzt natürlich, er genoss bis zu diesem Zeitpunkt ein gutes Zuhause mit einer entsprechenden Prägung. Kennen Sie allerdings nicht lückenlos die Lebensgeschichte Ihres Aussies bis zum Zeitpunkt des Einzuges bei Ihnen, kaufen Sie möglicherweise die „Katze im Sack". Erst im alltäglichen Zusammenleben zeigen sich der genaue Charakter, eventuelle Macken und das Verhalten des Vierbeiners. Daher kann die Aufnahme eines erwachsenen Hundes eher etwas für Kenner sein. Von Anfang an muss dem neuen Familienmitglied seine untergeordnete Stellung im Familienrudel klar gemacht werden. Eindeutige Regeln und Grenzen sind sehr wichtig für ein harmonisches Miteinander.

Hundeunerfahrene Menschen entscheiden sich also besser für einen Welpen als für einen gänzlich unbekannten erwachsenen Vierbeiner. Ersthalter können mit Hilfe einer guten Hundeschule gemeinsam mit ihrem Welpen wachsen und lernen. Der Einzug eines Welpen erleichtert auch das Zusammengewöhnen mit eventuellen weiteren Haustieren. Halten Sie bereits einen oder mehrere Hunde, hat ein Welpe noch mehr Narrenfreiheit und wird eher spielerisch, aber doch bestimmt in die Rangordnung der anderen Rudelmitglieder eingewiesen. Bei einem erwachsenen, voll ausgereiften Neuzugang können dagegen gleich heftige Kämpfe um die Rudelposition ausbrechen.

Beachten Sie auch ...

Lassen Sie Ihrem vierbeinigen Neuzugang viel Zeit für die ***Eingewöhnung****. Am besten nehmen Sie sich Urlaub, damit Sie sich erst einmal gegenseitig in Ruhe kennen lernen können. Springen Sie trotzdem nicht den ganzen Tag nur um Ihr neues Familienmitglied herum. Geben Sie Ihrem Hund genug Freiraum, sein jetziges Zuhause selbst zu erkunden; zeigen Sie ihm andererseits vom ersten Tag an liebevoll, aber bestimmt, was er darf und was nicht. Auch ausreichende Ruhephasen, in denen Ihr Vierbeiner nicht gestört werden möchte, müssen Sie respektieren, schließlich sind die vielen neuen Eindrücke auch anstrengend und ermüdend.*

Vom ersten Tag an sollten Sie Ihrem Aussie liebevoll, aber bestimmt zeigen, was er darf und was nicht.

Rüde oder Hündin?

Sind wir nicht alle drei hübsche Kerlchen?

Ob Sie sich für einen Rüden oder eine Hündin entscheiden, hängt von Ihren Erwartungen und Vorstellungen ab. Shepherd-Rüden werden etwas größer als Hündinnen. Oft wirken sie imposanter und selbstbewusster in der Körperhaltung. Sie sind in Vielem hartnäckiger als Hündinnen, weshalb ihre Halter bei der Ausbildung meist etwas mehr Durchsetzungsvermögen benötigen. Ein Rüdenbesitzer muss sich aber auch von Zeit zu Zeit auf einen liebeskranken und somit fürchterlich leidenden Vierbeiner einstellen und zwar dann, wenn eine Hündin in der Umgebung läufig ist. Etliche verliebte Casanovas tun ihren Schmerz um die unerreichbare Angebetete sogar lautstark kund; diese Heulorgien können wiederum zu Ärger bei den Nachbarn führen. Außerdem erweisen sich viele liebestolle Vertreter als wahre Ausbrecherkönige, wenn es darum geht, ihrer „Traumfrau" näher zu kommen. Ein intakter, genügend hoher Gartenzaun ist also bei unkastrierten Rüden besonders wichtig. Das ständige Markieren eines Rüden ist ebenfalls nicht jedermanns Sache. Hobbygärtner büßen dabei sicherlich die eine oder andere Pflanze ihres Gartens ein. Bei vermeintlich konkurrierenden Artgenossen lassen unkastrierte Rüden gerne den Macho raushängen, der auch mal mit viel Getöse einen Schaukampf um die Rangordnung anzettelt. Solche Auseinandersetzungen sind jedoch meist harmlos, während Hündinnen untereinander, aus der instinktsicheren Sorge um ihren vermeintlichen Nachwuchs, mit echten Beißereien nicht lange fackeln.

In der Regel haben Hündinnen eine zierlichere Statur als Rüden. Machtkämpfe wie sie bei Rüden um die hausinterne Rangordnung hin und wieder vorkommen können, sind bei Hündinnen eher selten; trotzdem

geben sie sich, vor allem hormonell bedingt, auch mal zickig. Eine Hündin wird ein- bis zweimal im Jahr läufig. In diesem Zeitraum, der etwa drei Wochen dauert, ist besondere Vorsicht geboten, damit es nicht zu unerwünschtem Nachwuchs kommt. Um Flecken im Haus zu vermeiden, ist ein spezielles Hundehöschen mit extra Slipeinlagen aus dem Fachhandel nötig; daran gewöhnt sich der Vierbeiner jedoch sehr schnell. Möchten Sie die Läufigkeit Ihrer Hündin auf Dauer umgehen, schafft eine Kastration Abhilfe.
Manche Hündinnen werden im Anschluss an ihre Hitze scheinträchtig. Hier haben sich homöopathische Mittel wie Pulsatilla oder Ignatia als hilfreich erwiesen. Geht die Scheinträchtigkeit jedoch mit Aggressivität, Apathie und übermäßiger Milchbildung einher, kann eine Kastration angebracht sein. Sprechen Sie in diesem Fall mit Ihrem Tierarzt.

Hündinnen sind in der Regel zierlicher gebaut als Rüden.

Die läufige Hündin

Eine Australian Shepherdhündin wird zum ersten Mal zwischen dem siebten und zwölften Lebensmonat läufig. Insgesamt dauert die Hitze, die ein- bis zweimal im Jahr auftritt, etwa 21 Tage. Sie unterteilt sich in drei Phasen: Die ersten neun Tage nennt man Vorbrunst (Proöstrus), äußerlich zu erkennen am Anschwellen der Schamlippen. Nun wird die Hündin ruhiger, vielleicht etwas launisch und markiert anfangs häufig; manchmal frisst sie auch schlecht und neigt zum Streunen. Jetzt lässt die Hündin zwar noch keinen Rüden an sich heran, ihr Interesse am anderen Geschlecht wächst jedoch zunehmend. Während der zweiten Phase, der sogenannten Hochbrunst oder Eisprungphase (Östrus) tritt immer mehr schleimiges, mit Blut vermischtes Sekret aus der Scheide aus. Zu diesem Zeitpunkt wandern die Eizellen vom Eierstock in den Eileiter; dort können sie befruchtet werden. Der Östrus dauert acht bis zehn Tage und ist zu erkennen am weiteren Anschwellen sowie einer noch stärkeren Rötung der Schamlippen. Die blutigen Ausscheidungen gehen in einen hellen Ausfluss über. Ab dem neunten Tag der Läufigkeit „steht" die Hündin; sie zeigt Rüden ihre Paarungsbereitschaft durch eine fast aufdringliche Annäherung und das seitliche Wegknicken ihrer Rute an. Nach dem Östrus folgt der Metöstrus; in dieser Phase klingt die Läufigkeit langsam ab, die Schwellung der Schamlippen geht zurück, der Ausfluss wird weniger. Auch das Verhalten „normalisiert" sich allmählich wieder.

Verhütung bei Hunden

Bei der Kastration einer ***Hündin*** *nimmt man operativ die Eierstöcke und meist auch die Gebärmutter heraus. Da nun die entsprechenden hormonproduzierenden Drüsen fehlen, ist der Geschlechtstrieb nach einer Kastration völlig ausgeschaltet.*
Das Risiko der Hündin, an Gebärmutterkrebs und an einem Gesäugetumor zu erkranken, wird durch die Kastration deutlich vermindert bzw. bei einer Kastration vor der ersten Läufigkeit praktisch ausgeschlossen. Andererseits kann eine so frühe Kastration ein dauerhaft kindlich-kindisches Wesen der Hündin zur Folge haben, denn der Reifeprozess, der durch die Hormone ausgelöst wird, fehlt hier; dies muss jedoch kein Nachteil sein. Bei einer Operation nach der ersten Läufigkeit liegt das Krebsrisiko für die Hündin bei ca. 8 %, nach der zweiten Läufigkeit bei ca. 26 %.

Ein ***Rüde*** *ist kastriert, wenn seine beiden Hoden entfernt wurden.*
Kastrierte Tiere werden in der Regel ruhiger. Manche Hunde neigen anschließend verstärkt zu Fettansatz (Futtermenge anpassen), eventuellen Fellveränderungen oder zeigen Inkontinenz. Während man Hündinnen hauptsächlich zur Vermeidung unerwünschten Nachwuchses kastriert, erfolgt die Kastration eines Rüden häufig bei Verhaltensauffälligkeiten. Selbstverständlich lassen sich Verhaltensauffälligkeiten, die durch Erziehungsfehler des Halters entstanden sind, nicht durch eine Kastration korrigieren.
Manche Rüden haben, bedingt durch zu viel Testosteron, einen übersteigerten Sexualtrieb, der mit Streunen, übertriebenem Imponiergehabe und aggressivem Konkurrenzverhalten gegenüber anderen Rüden einhergeht. Hier oder bei krankhaften Veränderungen der Geschlechtsorgane kann die Kastration eines Rüden durchaus nötig sein.
Beim Rüden wirkt die Kastration auch als vorbeugende Maßnahme gegen Prostataerkrankungen und Perinaltumore (= Zubildungen rund um den After).
Letztendlich liegt es in den Händen eines verantwortungsvollen Tierarztes, individuell zu entscheiden, ob eine Kastration angebracht ist oder nicht.
Eine Alternative zur operativen Trächtigkeitsverhütung stellt die medikamentöse Verhütung mittels Hormonpräparaten dar. Diese Methode sollte allerdings nicht auf längere Zeit eingesetzt werden, denn die hormonelle Manipulation einer Hündin erhöht die Wahrscheinlichkeit einer eitrigen Gebärmutterentzündung, die in der Regel wiederum nur operativ zu behandeln ist.
Eine weitere ganz neue Möglichkeit ist die Verhütung mittels Implantat, das wie ein Mikrochip unter die Haut gespritzt wird und alle sechs Monate ausgetauscht werden muss. Laut Hersteller ist dieses Implantat nebenwirkungsfrei, allerdings ist es nicht ganz billig (ca. 50.- € Materialkosten). Für Hündinnen ist das Verhütungsimplantat noch in der Probephase. Bei Rüden wird es bereits eingesetzt; es zeigt die gleiche Wirkung wie bei einer operativen Kastration.

Ein Hund aus dem Tierheim

Möchten Sie einen Hund aus dem Tierheim aufnehmen, brauchen Sie meist viel Geduld und Einfühlungsvermögen. Die Vorgeschichte eines solchen Vierbeiners liegt oft völlig im Dunkeln, unerwartete Verhaltensweisen können auftreten. Selbst bei einem Tierheim-Welpen wissen Sie häufig nichts Näheres über seine bisherige Haltung. Da schon eine gute Kinderstube sehr wichtig und prägend für eine intakte Hundeseele ist, kann hier bereits einiges schief gelaufen sein, was sich nur schwer wieder ausbügeln lässt. Auch das Wesen der Elterntiere, die Sie im Tierheim meist nicht kennen lernen, ist ein wichtiger Anhaltspunkt für den späteren Charakter Ihres jetzt ausgesuchten Zöglings. Je nach früheren Erlebnissen hat Ihr junger oder älterer Aussie vielleicht schon einige Macken, die Sie erst allmählich herausfinden müssen. Trotzdem lohnt es sich, diese Nuss behutsam zu knacken. Besuchen Sie Ihren auserwählten Vierbeiner bereits im Tierheim häufiger und gehen Sie oft mit ihm spazieren, ehe Sie sich endgültig für eine Übernahme entscheiden.

Die Auswahl eines Tierheimhundes erfordert besondere Sorgfalt, schließlich soll der Vierbeiner mit seiner neuen Familie zu einem echten Glückspilz und nicht, nach seinen ersten auftauchenden Eigenarten, zum erneut abgeschobenen Pechvogel werden. Wichtig ist, sich und den Hund von Anfang an nicht unter Druck zu setzen. Geben Sie sich für die Gewöhnung aneinander unbedingt ausreichend Zeit. Weisen Sie Ihre Kinder schon im Vorfeld darauf hin, dass der neue Vierbeiner erst einmal Ruhe und Behutsamkeit zur Eingewöhnung braucht. Bevor sie auf ihn zustürmen und ihn streicheln wollen, sollten auch sie erst einmal genau beobachten, wahrnehmen und abwarten.

Viel Geduld und Einfühlungsvermögen brauchen Sie in der ersten Zeit für die Übernahme eines Hundes aus zweiter Hand.

Beachten Sie …

Die Übernahme eines Tierheimhundes erfordert in der Regel Hundeerfahrung, denn wie erwähnt, liegt die Vergangenheit des Vierbeiners häufig im Dunkeln; manche Tierheimhunde erscheinen auf den ersten Blick unkompliziert und anpassungsfähig; in unterschiedlichen, oft ganz banalen Situationen des Alltags holen sie jedoch rasch frühere schlechte Erlebnisse ein und lassen sie dementsprechend reagieren. Für Anfänger wird dies unter Umständen zu einem unlösbaren Problem; hundeerfahrene Menschen können sich dagegen kompetenter und souveräner darauf einstellen und damit auseinandersetzen. Erstlingshaltern sei daher geraten, zunächst einmal einen Australian Shepherd-Welpen von einem seriösen VDH- bzw. FCI-Züchter zu nehmen.

Auswahl von Züchter und Hund

Fällt Ihre Wahl auf einen Hund vom Züchter, bekommen Sie eine aktuelle Wurfliste über die Welpenvermittlung des dem VDH angeschlossenen Rassevereins. Vergleichen Sie verschiedene Zwinger kritisch vor Ort miteinander. Prüfen Sie die Zuchtstätte ganz genau und nehmen Sie nicht den erstbesten Welpen vom erstbesten Züchter. Scheuen Sie sich nicht vor weiten Anfahrtswegen, immerhin geht es um die sorgfältige Auswahl eines neuen Familienmitglieds, mit dem Sie viele glückliche Jahre teilen möchten. Stellen Sie sich auch auf eine eventuelle Wartezeit ein, denn häufig wird nur auf Nachfrage hin gezüchtet. Dies ist allerdings ein gutes Zeichen, spricht es doch für eine reine Hobbyzucht, die primär an die Hunde und nicht an den Profit denkt. Trotzdem muss Ihnen ein gesunder Aussie-Welpe einiges Wert sein: Der durchschnittliche Welpenpreis beginnt derzeit bei etwa 1000.- €.

Die Zuchtstätte sollte in einem einwandfrei hygienischen und sauberen Zustand sein.

Die Welpen sollten mit vollem Familienanschluss aufwachsen, sich bei Ihrem Besuch interessiert, selbstbewusst und freundlich zeigen. Ihr Fell glänzt, sie sind gut genährt und sehen rundum gesund aus. Das Verhalten der Welpen darf weder ängstlich noch aggressiv sein. Nehmen Sie außerdem die Mutter und, falls anwesend, auch den Vater sowie deren HD- und gegebenenfalls ED-Röntgenuntersuchungen, gründlich in Augenschein. Beide Elterntiere müssen Ihnen gegenüber zutraulich und freundlich sein. Achten Sie unbedingt auf Sauberkeit und Hygiene in der Zuchtstätte. Ein guter Züchter interessiert sich sehr für Sie, Ihr Umfeld und eventuell bereits vorhandene Hundeerfahrung. Außerdem wird er Sie in keiner Weise bedrängen oder Ihnen einen Welpen aufschwatzen. Das Wohl seiner Hunde liegt ihm wirklich am Herzen.

Nur vom seriösen Zücher

Nehmen Sie Abstand von Mitleidskäufen. Bei dubiosen Schwarzzuchten oder Hundehändlern liegen Herkunft, Aufzucht und Vergangenheit der Hunde oft völlig im Dunkeln, sodass Sie anstelle eines gesunden und wesensfesten Rassehundes schnell eine Mogelpackung bekommen, die Ihnen mit zunächst versteckten Krankheiten und Verhaltensstörungen ein Hundeleben lang Kummer bereiten kann. Das Warten auf einen Welpen von einer kontrollierten VDH- bzw. FCI-Zucht lohnt sich allemal; hier gelten strenge Zuchtauflagen, die eine gute Basis für das Hervorbringen robuster, gesunder und wesensstarker Vierbeiner bilden.

Ein gleichzeitiges Aufziehen mehrere Würfe (möglicherweise noch von unterschiedlichen Rassen) innerhalb einer Zuchtstätte sollte Sie stutzig machen, spricht dies doch sehr für eine rein kommerzielle Angelegenheit. Die deutschen VDH-Zuchtvereine verbieten solch ein Vorgehen.

Haben Sie sich schließlich für einen Züchter und einen seiner Welpen entschieden, vereinbaren Sie vor der Abholung Ihres Vierbeiners weitere Besuche, damit sich der Kleine schon etwas an Sie gewöhnt. Bringen Sie zusätzlich ein altes Handtuch mit, das in das Welpenlager gelegt, bald nach der Mutter und den Wurfgeschwistern riecht. Bei der Abholung des Welpen nehmen Sie dieses Tuch wieder mit und legen es ihm zuhause in sein neues Körbchen. Durch den weiterhin vorhandenen bekannten Geruch fällt ihm die Trennung von seiner Kinderstube nicht so schwer.

Ein gesunder Aussie-Welpe hat durchaus seinen Preis – der sich dann aber auch lohnt.

Welches Zubehör ist nötig?

Bieten Sie Ihrem Aussie auch immer etwas Denksport!

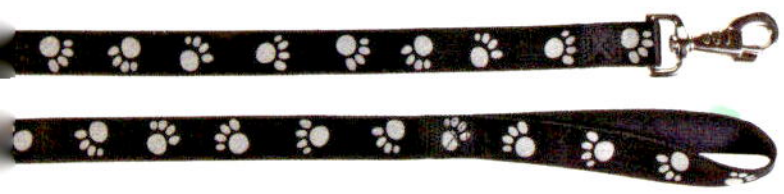

Für Ihren Welpen benötigen Sie zunächst ein **Welpenhalsband** oder **-geschirr** und eine leichte **Leine**. Als Material hat sich Nylon bewährt; im Vergleich zu Leder ist es leichter, stabiler, nässefester und problemloser zu reinigen. Der ausgewachsene Hund braucht später ein größeres und breiteres Halsband oder Geschirr sowie eine passende, stabile Leine. Gewöhnen Sie Ihr Hundekind sofort an das Tragen eines Halsbandes. Bringen Sie am Halsband neben der Steuermarke eine gravierte Plakette oder eine Hülse mit Ihrer Adresse und Telefonnummer an, damit Sie im Falle des Verschwindens Ihres Vierbeiners schnell benachrichtigt werden können. Achten Sie darauf, dass das Halsband nicht zu eng und nicht zu locker sitzt. Ein Finger muss problemlos zwischen Hals und Halsband passen.
Besorgen Sie außerdem für Haus und Garten je ein Set mit einem **Futter-** und einem **Wassernapf**. Edelstahl- oder stabile Plastiknäpfe sind die beste Wahl, da sie auch leicht zu reinigen sind. Im Fachgeschäft erhalten Sie spezielle Futterstationen mit zwei Näpfen.

Damit Ihr Hund nach seiner Ankunft nicht vor einem leeren Napf sitzt, kaufen Sie ein hochwertiges Welpenfutter ein; lassen Sie sich hierbei am besten von Ihrem Züchter beraten. Auch Belohnungsleckereien dürfen nicht fehlen.

Auf solch einer Kuscheldecke lässt es sich wunderbar dösen.

Ein gut erzogener Hund wartet brav, bis ihm die Näpfe gefüllt werden und bettelt nicht.

Spezielle Kämme, Bürsten und Striegel sind für die Fellpflege eines langhaarigen Hundes unerlässlich.

Schlafplatz, Fellpflege und Spielzeug

Ihr Hund braucht seinen eigenen Liegeplatz; manchen Vierbeinern genügt hier eine einfache Decke oder ein Kissen, andere kuscheln sich lieber in einen **Korb**. Wichtig ist in jedem Fall eine leichte, unproblematische Reinigung, denn angemessene Sauberkeit und Hygiene sind eine unverzichtbare Basis für ein langes, gesundes Hundeleben. Achten Sie darauf, dass alle Decken und Kissen maschinenwaschbar sind. Haben Sie einen Korb angeschafft, schrubben Sie diesen von Zeit zu Zeit aus und desinfizieren Sie ihn anschließend mit Ungezieferspray. Inzwischen sind nicht nur Hunde„körbe" aus Rattangeflecht erhältlich, sondern auch aus stabilem, beißfestem Plastik oder aus Schaumgummi und Kunstwatte mit Stoffüberzug. Als Übergangslösung hat sich für einen Junghund, der noch alles annagen und zerbeißen will, ein großer, mit einer Decke ausgelegter Karton bewährt, der schnell und preiswert ausgetauscht werden kann. Vielseitig verwendbar und ebenfalls sehr praktisch ist eine große Plastik-Transportbox oder eine Klappbox aus verchromtem Stahlgitter. Ihr Welpe findet darin bereits ein heimeliges Lager vor, in dem Sie ihn während Ihrer Abwesenheit auch mal ausbruchssicher verwahren können; später weiß sogar Ihr erwachsener Aussie diese Rückzugsmöglichkeit zu schätzen, vermittelt das Innere solch einer **Box** doch die Geborgenheit einer Höhle. Bei einem Klappkäfig kommt dieses Höhlenfee-

Spielerisch kann dem Vierbeiner im Nu die Scheu vor einer solch praktischen Transportbox, sprich Hundehöhle, genommen werden.

Gewöhnen Sie Ihren Aussie frühzeitig an die Mitnahme und ein gesittetes Verhalten im Auto.

ling erst richtig auf, wenn Sie ihn noch mit einem großen Tuch abdecken.

Käfig oder Box sind ebenfalls sehr hilfreich für eine sichere Unterbringung Ihres Hundes im Auto. Eine ordnungsgemäße Sicherung des Vierbeiners in einem Auto ist übrigens Pflicht; bei Verstoß drohen hohe Geldstrafen. Sie können Ihren Shepherd auch mit einem speziellen Hundegurt auf der Rückbank anschnallen oder Sie verwenden ein Trenngitter, das den Schrägheckkofferraum, in dem Ihr Vierbeiner sitzt, sicher vom Personenabteil abtrennt. Mancherorts ist für die Beförderung in öffentlichen Verkehrsmitteln ein Maulkorb vorgeschrieben, auch, wenn Ihr Hund ganz friedlich ist.

Für den Fellwechsel im Frühjahr und Herbst benötigen Sie spezielle Bürsten, Striegel und Kämme für langhaarige Hunde. Handtücher zum Abtrocknen und Säubern dürfen für Schlechtwettertage nicht fehlen.

Schaffen Sie sich außerdem eine **Zeckenzange** an, um Ihren bellenden Freund schnell von den lästigen Plagegeistern befreien zu können.

Zu guter Letzt braucht Ihr Australian Shepherd natürlich **Spielzeug**.

EXTRA

Das richtige Hundespielzeug

Orientieren Sie sich bei der Auswahl von Hundespielzeug am besten an folgendem Grundsatz: Alles, was für Kleinkinder ungeeignet ist, kann auch für Hunde gefährlich werden. So sind spitze, scharfkantige und splitternde Gegenstände oder Dinge, in denen Drähte oder Nägel enthalten sind, für unsere Vierbeiner absolut tabu. Ebenfalls verboten sind Äste von giftigen Bäumen oder Sträuchern und lackierte Hölzer. Luftballons stellen eine Gefahr dar, weil sie zerbissen schnell heruntergeschluckt werden und eine Darmverschlingung hervorrufen können. Ihr Australian Shepherd darf sich nicht an den Spielsachen Ihrer Kinder wie z.B. Legobausteinen sowie an Schnüren, Nylonstrümpfen, Windlichtern oder Plastikbechern vergreifen. Unproblematisch sind spezielle Hundespielsachen aus Hartholz, Jute, Hart-

Bei Hunden sehr beliebt ist der Knoten aus Baumwollschnüren. Er kann aber gefährlich werden, wenn der Hund zu viele Schnüre davon verschluckt.

gummi, Stoff und reißfestem Nylon. Kauspielzeug aus natürlichen Materialien, wie Rinder- und Büffelhaut, bietet nicht nur eine interessante Beschäftigung, sondern hat gleichzeitig einen gesundheitlichen Nutzen, denn es stärkt und reinigt das Gebiss. Bälle müssen immer so groß sein, dass Ihr Hund sie nicht verschlucken kann. Quietschspielzeug ist nur bedingt geeignet, denn ist Ihr Vierbeiner ein besonders eifriger „Spielzeug-Designer" zerlegt er auch ein Quietschtier schnell und frisst möglicherweise sogar das quietschende Ventil. Zudem sind einige Kynologen der Meinung, dass ein Hund durch das ständige Quietschen die Beißhemmung gegenüber quiekenden Artgenossen verlernt. Besser bewährt haben sich Spielsachen aus robustem Hartgummi. Ein begeisterter Apporteur sollte wegen der Splittergefahr auf Stöckchen aus dem Wald verzichten. Besorgen Sie ihm stattdessen lieber Hartholzspielzeug aus dem Zoofachhandel. Diese Apportierhölzer kommen auch auf Hundeplätzen zum Einsatz. Als Alternative gibt es Bringsel aus Jute oder Leder, die absolut maulschonend sind. Ein aus bunten Baumwollschnüren zusammengedrehter Knoten ist zwar sehr beliebt, kann jedoch gefährlich werden, wenn der Vierbeiner den Knoten zerlegt und zu viele Schnüre davon verschluckt.

Welpensicheres Zuhause

Für einen Welpen sind Schuhe von ganz besonderer Anziehungskraft.

Überprüfen Sie Ihr Zuhause schon vor dem Einzug eines Welpen auf mögliche Gefahrenquellen für den kleinen Vierbeiner und beseitigen Sie diese gegebenenfalls. Für den noch unerfahrenen, verspielten Australian Shepherd, der ständig auf der Suche nach neuen Abenteuern ist, lauern etliche Gefahren in Haus und Garten.

Welpen erkunden ihre Umgebung in erster Linie mit der Nase und mit den Zähnen, das heißt: alles, was Hund aufstöbert, muss beknabbert oder sogar gefressen werden. Besonders gefährlich und gefährdet sind hier Kabel und mobile Mehrfachsteckdosen. Verlegen Sie Kabel daher entweder in Kabelkanälen oder lagern Sie diese, solange der Welpe noch in der Flegelphase ist, höher. Versehen Sie Steckdosen am Boden und in Nasenhöhe des vierbeinigen Knirpses vorsichtshalber mit Kindersicherungen. Bewahren Sie ebenfalls außer Reichweite des jungen Shepherds Putzmittel und Medikamente auf. Erhöhte Vorsicht gilt bei Pflanzen, besonders, wenn sie giftig sind. Stellen Sie auch diese vorübergehend hoch oder quartieren Sie sie an einen anderen Ort um. Ein weiteres großes Gefahrenpotenzial stellen heruntergefallene Kleinteile wie Büroklammern, Stecknadeln oder Geldstücke dar, weil sie der Welpe aus Neugier fressen könnte. Von ganz besonderer Anziehungskraft sind Schuhe. Junghunde spüren häufig mit einer erstaunlichen Zielsicherheit gerade das teuerste Paar auf und zerlegen es; vielleicht waren Sie aber auch schneller und haben die Schuhe rechtzeitig in Sicherheit gebracht.

Hängen Sie auch Jalousie- und Rollobänder vorübergehend höher, denn das Fangen und Zerbeißen der „baumelnden" Schnüre ist ebenfalls sehr beliebt. Besonders interessiert ist der Welpe überall dort, wo es etwas auszuräumen gibt. Sichern Sie daher Möbeltüren oder Schubladen, die Ihr abenteuerlustiger

Vierbeiner eventuell andernfalls mit seiner Schnauze oder Pfote öffnet. Ein mit einem Vorhang abgehängtes Regal regt enorm die Neugier eines jungen Hundes an; evakuieren Sie also rechtzeitig empfindliche Gegenstände. Höchst attraktiv sind auch Abfalleimer, deren Inhalt Ihren Aussie auf vielfältige Art schädigen kann. Steigen Sie deshalb besser auf Abfalleimer mit fest verschlossenem Deckel um. Nicht zuletzt ist das wilde Toben des kleinen Rackers gefährlich: ist ein Welpe erst einmal in Fahrt, kennt er kein Halten mehr. Sichern Sie Treppen daher am besten mit einem Babygitter.
Natürlich müssen Sie generell alles Zerbrechliche aus dem Weg räumen.

Zusammenfassend gilt Alles, was für Babys oder Kleinkinder in einem Haushalt gefährlich ist, kann auch für einen jungen Hund lebensbedrohlich werden. Richten Sie sich jedoch durch entsprechende Vorkehrungen rechtzeitig darauf ein, wird das Zusammenleben mit Ihrem Aussie-Welpen in der heißen (Flegel-)Phase sicherlich stressfreier sein.

Vorsicht auch mit Pflanzen im Garten – manche könnten giftig sein für Ihren Welpen.

Tipps für den Garten

Im Garten kann es für einen jungen Hund ebenfalls gefährlich werden. Denken Sie hier an Folgendes:

- *Umzäunen Sie Ihr Grundstück, damit sich Ihr Welpe nicht unerlaubt auf Wanderschaft begibt.*
- *Flicken Sie rechtzeitig vor Ankunft des Vierbeiners Löcher im bereits vorhandenen Zaun.*
- *Vorsicht mit der Aufbewahrung und Verwendung von Chemikalien im Garten (z.B. Dünger, Schneckenkorn etc.)!*
- *Lagern Sie gefährliche Stoffe in der Garage wie beispielsweise Frostschutzmittel für das Auto am besten in einem verschließbaren Schrank.*
- *Hängen Sie den Gartenschlauch sicherheitshalber auf.*
- *Bewahren Sie gefährliche Gartengeräte wie Scheren, Sägen, Rechen und Hacken außer Reichweite Ihres Hundes auf.*
- *Komposthaufen und Gartenteich sollten für Ihren Aussie unzugänglich sein.*
- *Vorsicht mit stacheligen Hecken und Büschen: Toben kann hier schnell ins Auge gehen!*
- *Sichern Sie einen eventuell vorhandenen Gartenteich.*

Die ersten Tage daheim

Für die Heimfahrt mit Ihrem Welpen sollten Sie sich viel Zeit lassen.

Ein seriöser Züchter gibt seine Aussie-Welpen gechipt, geimpft, Augen-untersucht und entwurmt nach der achten Woche ab. Am Abgabetag stattet er Sie mit dem Impfpass, der Ahnentafel, Pflege-, Fütterungstipps und etwas Futter für den Übergang aus. Vergessen Sie zur Abholung Ihres Hundekindes Welpenhalsband und Leine nicht. Sind Sie berufstätig, nehmen Sie sich mindestens in den ersten zwei Wochen nach Einzug des Vierbeiners frei. Dies erleichtert nicht nur die Erziehung zur Stubenreinheit, sondern ist auch für die gesunde, seelische Entwicklung des Hundebabys sehr wichtig.

Lassen Sie sich für die Heimfahrt viel Zeit. Für Ihren Welpen ist eine längere Autofahrt neu und ungewohnt; manchen Hundekindern wird zunächst einmal übel, einige speicheln daraufhin nur, andere müssen sich übergeben. Legen Sie mehrere Pausen ein, in denen sich Ihr kleiner Shepherd lösen und bewegen

Nach dem Fressen bringen Sie Ihren Welpen am besten sofort ins Freie, damit er sich lösen kann.

Ein tickender Wecker unter dem Hundebett erinnert den Welpen an den Herzschlag der Mutter und erleichtert ihm somit die Eingewöhnung.

kann; fahren Sie langsam und knallen Sie nicht mit den Autotüren.

Ankunft im neuen Zuhause

Sind Sie mit Ihrem Welpen zu Hause angekommen, geben Sie ihm erst einmal genügend Zeit und Möglichkeit, sein neues Domizil ausgiebig zu erkunden. Auf keinen Fall dürfen alle Familienmitglieder gleichzeitig auf ihn einstürmen. In den ersten Stunden ist Behutsamkeit angebracht, damit der neue Mitbewohner nicht verängstigt wird. Zeigen Sie ihm seinen Schlafkorb. Setzen Sie ihn immer wieder hinein und beschäftigen Sie sich dort eine Weile mit ihm. Verbinden Sie dies schon von Anfang an mit dem Kommando „Körbchen". So merkt er bald, dass der Korb sein Platz ist und lernt schnell, auch auf Befehl dorthin zu gehen. Hat sich die erste Aufregung im neuen Heim für den Kleinen etwas gelegt, bekommt er sein Futter. Ein achtwöchiger Welpe muss vier Mahlzeiten erhalten. Eine Futterumstellung darf nur langsam erfolgen. Am besten mischen Sie hierfür nach und nach das mitgegebene Futter des Züchters mit Ihrem eventuell neuen Futter. Nach dem Füttern bringen Sie den Welpen sofort nach draußen, damit er sich lösen kann. Genauso verfahren Sie, wenn Ihr junger Aussie nach dem Schlafen aufwacht.

Beachten Sie, dass ein Welpe zunächst wie ein Baby noch sehr viel Schlaf braucht, ein Bedürfnis, dem Sie unbedingt Rechnung tragen sollte. Zur Erleichterung der Eingewöhnung nachts stellen Sie das Körbchen am besten an Ihr Bett. Ist Ihr Hund sehr unruhig, legen Sie ihm einen Wecker unter sein Kissen. Das Ticken erinnert ihn an den Herzschlag der Mutter und beruhigt ihn. Werden Sie, ob dieses kleinen, niedlichen und vermeintlich hilflosen Geschöpfes, nicht schwach und lassen den Welpen ins Bett. Damit tun Sie sich und dem Hund keinen Gefallen. Dies wäre bereits der erste Schritt für den kleinen Neuankömmling in der Rangordnung mit

Ihnen zu konkurrieren. Streicheln Sie Ihren in seinem Körbchen liegenden Vierbeiner lieber von Ihrem Bett aus in den Schlaf. Die zärtliche Berührung mit Ihrer Hand gibt ihm all die Geborgenheit und das Vertrauen, das er braucht, um als Hundebaby einem neuen aufregenden Tag entgegen zu schlafen.

Tierheimhunde brauchen Zeit

Auch ein Second-Hand-Hund benötigt viel Zeit zur Eingewöhnung. Beobachten Sie den Neuankömmling ganz genau, um ein besseres Bild von seiner Persönlichkeit zu bekommen. Schnell werden Sie erkennen, ob Sie nun ein besonderes Sensibelchen oder eher ein forscheres Raubein im Haus haben. Erlauben Sie Ihrem Neuzugang nichts, was er auch später nicht tun darf. Ein ehemaliger Tierheimhund wird in einer neuen Familie zunächst mit Reizen überflutet, die er erst einmal in Ruhe verarbeiten muss. Trotzdem ist es wichtig, Ihren Australian Shepherd von Anfang an so natürlich wie möglich an Ihrem normalen Tagesablauf teilhaben zu lassen; führen Sie sofort feste Fütterungs-, Spiel- und Spaziergehzeiten ein, sodass Ihr vierbeiniger Kamerad bald seinen festen Rhythmus kennt. Sobald sich die erste Aufregung gelegt hat, wird Ihr Hund auch Sie

Tipp für Second-Hand-Hundebesitzer

Um herauszufinden, welche Talente und Vorlieben Ihr Aussie hat, kann eine kompetente Hundeschule sehr hilfreich sein; hier werden meist auch Spiel-, Spaß- und Sportkurse angeboten, die jeden Vierbeiner seinen Neigungen entsprechend fordern. Die intensive gemeinsame Beschäftigung mit Ihrem Shepherd wird Ihre Bindung zueinander weiter fördern und Sie bald zu einem unzertrennlichen Dream-Team zusammenschweißen.

Geben Sie auch einem Tierheimhund von Anfang an klare Regeln vor, die er strikt einhalten muss.

ganz genau beobachten. Ein Aussie durchschaut schnell, wer in der Familie das Sagen hat und wer nicht und, wo es Schwachstellen in der familieninternen Rangordnung gibt. Deshalb ist es unerlässlich, klare Regeln vorzugeben, die der Vierbeiner strikt einhalten muss; nimmt Ihr Shepherd sofort einen eindeutigen Platz in der neuen Lebensgemeinschaft ein, mit einem Mensch an der Spitze, an dem er sich orientieren kann, ist er rasch ausgeglichen und glücklich.

Die ersten Ausflüge

Bei Ihren ersten Spaziergängen sehen Sie, wie sich Ihr wedelnder Neuzugang Artgenossen gegenüber verhält. Auch für einen erwachsenen Aussie ist der regelmäßige Kontakt zu anderen Hunden nötig. Laden Sie Freunde mit Ihren Vierbeinern zu sich nach Hause ein: Da Ihr Hund anfangs noch kein Revierbewusstsein hat, wird er alles akzeptieren, was er in seinem neuen Heim vorfindet; nützen Sie diese Tatsache aus und machen Sie Ihren Shepherd möglichst bald, jedoch an der Leine gehalten, mit eventuellen anderen Haustieren bekannt. Hat Ihr neuer Kamerad in seiner Prägephase keine gute Sozialisierung erfahren, ist der Besuch einer Hundeschule empfehlenswert. Ein Second-Hand-Hund kann hier zusammen mit seinem Halter noch sehr viel lernen. Erziehungstechnisch brauchen Sie bei einem erwachsenen Hund meist nicht ganz bei Null anfangen, sondern können auf die bereits vorhandenen Grundlagen aufbauen; wichtig ist, dass Ihr Shepherd nun Sie als neuen Hundeführer und somit Kommandogeber akzeptiert. Zeigen Sie daher unbedingt Konsequenz und Einfühlungsvermögen; außerdem muss es Ihrem Aussie Spaß machen, Ihnen zu gehorchen, die richtige Motivation ist also das A und O einer erfolgreichen, partnerschaftlichen Erziehung.

Auf Ihren ersten gemeinsamen Ausflügen lernen Sie sich gegenseitig schon besser kennen.

Sozialisierung

Verantwortungsvolle Züchter heißen Besucher ab der vierten Lebenswoche der Kleinen willkommen. Natürlich in Maßen – den Welpen zuliebe.

Damit ein Hund einen stressfreien Alltag mit einem sozialverträglichen Verhalten gegenüber Mensch und Tier leben kann, muss schon der Welpe mit möglichst vielen Umweltreizen vertraut gemacht werden.
Die wichtigste Zeitspanne für die Sozialisierung liegt zwischen der dritten und etwa der 16. Lebenswoche. Für die erste Phase ist also der Züchter verantwortlich: Bei ihm soll der Welpe nicht nur durch den Umgang mit seiner Mutter und den Wurfgeschwistern hündisches Verhalten lernen; auch möglichst viele positive Erfahrungen mit verschiedenen Menschen, einschließlich Kindern sind für die weitere Entwicklung des kleinen Vierbeiners wichtig.

Gewöhnen Sie Ihren Welpen langsam an alle Geräusche und Situationen des Alltags – überfordern Sie ihn dabei aber nicht.

Daher sind bei einem verantwortungsvollen Züchter ab der vierten Woche Besucher willkommen, selbstverständlich wohl dosiert, um die Welpen nicht zu überfordern. Damit das Hundekind bereits mit diversen Umweltreizen vertraut wird, ist eine abwechslungsreiche Umgebung gut. Dies kann beispielsweise ein interessanter, kleiner Abenteuerspielplatz im Welpenauslauf sein; kurze Ausflüge stehen dagegen erst auf dem Programm, wenn der Welpe komplett geimpft ist (ab der achten Lebenswoche). Hundekinder, die bis zu ihrer Abholung (und auch danach) völlig abgeschottet von ihrer Umwelt leben, tragen in der Regel irreparable Schäden davon, die sie an einer normalen Entwicklung hindern; solche Hunde bleiben häufig ihr Leben lang unglückliche Sorgenkinder, die sich ständig als unsichere Angsthasen oder auch Beißer gebärden.

Nach der Abholung Ihres Australian Shepherds vom Züchter liegt die weitere Entwicklung des Welpen nun in Ihrer Hand. Machen Sie ihn schon zuhause mit möglichst vielen Situationen bekannt: sperren Sie ihn beispielsweise nicht weg, wenn Sie staubsaugen oder, wenn Besuch kommt. Natürlich heißt dies nicht, dass Sie sofort nach der Ankunft des Vierbeiners den Staubsauger schwingen oder gar eine große Party feiern sollen; wie immer macht's die richtige Dosierung, damit der junge Shepherd langsam, aber sicher alle Geräusche und Abläufe um ihn herum als völlig normal ansieht.
Leben noch andere Tiere bei Ihnen, gewöhnen Sie alle Vierbeiner ganz behutsam aneinander.
Um Ihren Welpen optimal auf Stadtausflüge vorzubereiten, können Sie Großstadtgeräusche zunächst von einem Band abspielen; am besten geschieht dies während der Fütterung, denn dann verknüpft Ihr kleiner Aussie die ungewohnten Geräusche gleich mit etwas Positivem. Steigern Sie die Lautstärke allerdings erst allmählich. Gewöhnen Sie Ihren jungen

Streicheleinheiten und Schmusestunden liebt der Australian Shepherd über alles.

Einfacher hat es der Neuzugang, wenn er sich von einem älteren, bereits im Haushalt lebenden Hund vieles abschauen kann.

Vierbeiner ebenfalls frühzeitig an die Mitnahme und das gesittete Verhalten im Auto und in öffentlichen Verkehrsmitteln.

Neue Eindrücke sammeln

Auf Spaziergängen lassen Sie den Welpen in Ruhe seine Umgebung erkunden; streuen Sie zwischendurch kleine Spielchen ein, die all seine Sinne und vor allem auch das Interesse an Ihnen wecken. Auf diese spielerische Art merkt Ihr Aussie schnell, dass es sich lohnt, Ihnen zu folgen. Wechseln Sie öfters mal die Wege und provozieren Sie Begegnungen mit Artgenossen, anderen Tieren und Menschen. Beginnen Sie hier bereits spielerisch die Erziehung, indem Sie Ihrem Shepherd beispielsweise durch Ablenkung mit einem verlockenden Spielzeug schon beibringen, fremde Menschen nicht anzuspringen. Respektieren Sie auch, wenn ein anderer Hundebesitzer von einem Zusammentreffen mit Ihnen Abstand nimmt; vielleicht genoss sein Hund nicht so eine gute Sozialisierung wie Ihrer. Nehmen Sie Ihren Welpen dann lieber an die kurze Leine und gehen Sie ohne direkten Kontakt am anderen Vierbeiner vorbei; schließlich muss Ihr Aussie auch lernen, sich in solchen Fällen manierlich zu verhalten. In die wichtige Sozialisierungsphase fällt ebenso das Kennenlernen verschiedener Bodenuntergründe sowie von Wasser. Unbedingt empfehlenswert ist der Besuch einer Welpenspielstunde in einer guten Hundeschule. Hier lernt der junge Vierbeiner zusammen mit gleichaltrigen Artgenossen, wie er sich hündisch korrekt verhält. Außerdem wird er dort mit unterschiedlichen Geräuschen und Gegenständen wie zum Beispiel einem aufgespannten Regenschirm oder flatternden Folien vertraut gemacht. Um eine gute Verträglichkeit mit Artgenossen zu fördern, empfiehlt sich au-

Welpenspielplatz zu Hause

Leicht können Sie Ihrem Welpen zuhause mit einfachen und ganz alltäglichen Dingen einen Abenteuerspielplatz kreieren; führen Sie Ihr Hundekind an alle Stationen langsam heran und zeigen Sie ihm alles ganz behutsam; loben Sie Ihren Welpen ausgiebig, wenn er mutig die neue Umgebung erkundet. Haben Sie Geduld mit Angsthasen und bestätigen Sie diese für jeden kleinen Schritt mit Leckerli und freundlicher, beruhigender Stimmt.

ⓘ Stellen Sie einen großen, offenen Karton auf, den Ihr Vierbeiner nach Herzenslust erkunden und anschließend auch zerlegen darf.

ⓘ Hängen Sie alte, bunte Stofffetzen an eine Wäscheleine: hier lernt der Kleine, sich nicht von flatternden Dingen aus der Ruhe bringen zu lassen; eine Stufe schwieriger wird's mit Folienresten, denn diese rascheln auch noch.

ⓘ Legen Sie eine Leiter auf den Boden und führen Sie Ihren jungen Shepherd langsam darüber; hier ist Koordination gefragt, denn er lernt, seine Pfoten genau in die Leerräume zwischen den Sprossen zu setzen.

ⓘ Stellen Sie eine Hundetransportbox mit geöffneter Tür auf und verteilen Sie in der Box Leckerli: So wird der Welpe schon spielerisch mit der Box vertraut gemacht, verknüpft sie mit etwas Positivem (Futter) und empfindet später die Reise darin als etwas ganz Normales.

Ein Karton ist für einen Junghund ein tolles Erkundungsobjekt, mit dem er anschließend natürlich auch die Zerreißprobe machen darf.

Nicht jedes Spielzeug ist für kleine Hunde geeignet. Behalten Sie Ihren Welpen immer im Auge.

ⓘ Legen Sie eine große Malerfolie auf dem Boden aus: dies ist ein unbekannter, raschelnder und glatter Untergrund, den es zu betreten gilt; streuen Sie für Zaghafte Leckerli auf der Folie aus.

ⓘ Selbst ein Zelt ist ein interessantes Erkundungsobjekt, das sowohl durch die Überdachung, als auch durch den Zeltboden neu und aufregend ist.

ⓘ Stellen Sie zum genauen Erforschen einen aufgespannten Sonnenschirm auf den Boden, legen Sie als Lockmittel Leckerli darunter aus.

ⓘ Legen Sie einen Eimer auf den Boden, den Ihr Hundekind ausgiebig erkunden darf.

ⓘ Lassen Sie zunächst in großer (!) Entfernung vom Welpen eine aufgeblasene Butterbrottüte platzen, sodass er den Knall erst nur sehr gedämpft hört; zusätzlich kann er währenddessen von einer zweiten Person abgelenkt werden. Wenn sich der Hund entspannt hat, ausgiebig loben und belohnen. Erhöhen Sie ganz langsam die Intensität des Geräusches; auf diese Weise lernt ein Welpe Silvesterknallerei und Donnergrollen zu trotzen. Selbstverständlich funktioniert diese Übung auch wieder über eine aufgenommene Kassette oder CD; beginnen Sie jedoch wie immer erst leise und steigern Sie die Lautstärke nur langsam.

Bitte beachten Sie, dass dieser Spielplatz zu Hause auf keinen Fall das Welpenspielen mit Artgenossen auf einem Hundeplatz ersetzt. Er stellt lediglich eine gute Ergänzung dar, die Ihren Vierbeiner anderen Alltagssituationen gegenüber selbstbewusster und gelassener werden lässt.

- *Ist der Trainer schon am Telefon bereit, ausführlich Fragen zu beantworten und fragt er Sie auch viel über Sie und Ihren Hund?*
- *Nach welcher Methode wird trainiert?*
- *Kann der Trainer eine fundierte Ausbildung nachweisen?*
- *Gibt es ein (eingezäuntes!) Trainingsgelände, auf dem die Hunde in Trainingspausen auch mal miteinander spielen dürfen?*
- *Wie groß sind die Trainingsgruppen? Zu große Gruppen lassen kaum noch Spielraum für die genaue Beobachtung und Beratung eines jeden Einzelnen.*
- *Gibt es auch Einzelstunden für individuelle Probleme?*
- *Stehen die Kosten in einem vernünftigen Verhältnis zum Angebot?*
- *Sind ein anfängliches Zusehen sowie ein Probetraining möglich?*
- *Stimmt die Chemie zwischen Ihrem Aussie und dem Trainer sowie zwischen Ihnen und dem Trainer?*
- *Freut sich Ihr Shepherd, wenn es auf den Hundeplatz geht und hat er Spaß am Training?*
- *Macht Ihr Hund langfristig Fortschritte?*

Beobachten Sie Ihren Aussie genau: Hat er Spaß am Training?

ßerdem häufiger Hundebesuch bei Ihnen daheim; dies wirkt sogar „Einzelkindallüren" entgegen, da Ihr Aussie dann nicht mehr als vierbeiniger Alleinherrscher im Mittelpunkt steht.

So finden Sie die passende Hundeschule

Hundeschulen und Tiertrainer gibt es inzwischen an vielen Orten. Welche Möglichkeiten Sie in Ihrer Region haben, wissen in der Regel Tierärzte, örtliche Tierheime oder andere Hundehalter. Auch überregionale Verbände und Organisationen sind kompetente Ansprechpartner. Haben Sie nun eine konkrete Hundeschule im Auge, prüfen Sie das Angebot mit dem Fragenkatalog auf dieser Seite genau.
Merken Sie, dass Sie mit dem Trainer oder der angebotenen Methode nicht zurechtkommen, wechseln Sie die Hundeschule. Handeln Sie immer im Interesse Ihres Hundes. Nur ein Australian Shepherd, der Spaß an der Sache hat, lernt gerne und leicht. Auch Sie können in einer kompetenten und sympathischen Hundeschule nette Freundschaften und Kontakte mit Gleichgesinnten knüpfen und einen wichtigen Erfahrungsaustausch pflegen.

Erste Erziehungsschritte

„Bleibe ich nicht toll im ‚Platz' liegen?"

Reagieren Sie jetzt schnell: Ihr Welpe möchte nach draußen und ist somit bereits auf dem Weg zur Stubenreinheit.

Wie lernt ein Welpe?

- *Welpen sind ganz genaue Beobachter und lernen somit rasch, wovor Sie Angst haben, wen Sie mögen und wen nicht; auch die familieninterne Rangordnung durchschauen sie schnell.*
- *Welpen sind Praktiker; vieles lernen sie durch Erfahrung, wie schlechte oder gute Erlebnisse, Bestrafung und Lob.*
- *Das genaue Lernverhalten eines Welpen ist abhängig von seinem individuellen Charakter, seiner Intelligenz und seinen speziellen, angeborenen Neigungen*

Häufig lassen sich gerade Ersthalter vom süßen Blick und putzigen Verhalten ihres neuen Familienmitglieds einwickeln und verschieben die Erziehung des kleinen Rackers zunächst einmal auf unbestimmte Zeit. Machen Sie diesen Fehler nicht. Am aufnahmefähigsten ist ein Welpe bis zur 18. Lebenswoche, nützen Sie also diese Zeit und fangen Sie sofort mit einer spielerischen Erziehung an. Ganz entscheidend für die Lernbereitschaft und damit auch die Lernfähigkeit ist das Lernklima. Stress und Angst sind Gift für ein erfolgreiches Lernen; sicherlich können Sie das aus eigener Erfahrung gut nachvollziehen. Verschaffen Sie Ihrem Hund daher eine ruhige, angenehme und entspannte Atmosphäre, in der er, verstärkt durch die richtige Motivation, Spaß am Lernen hat.

Stubenreinheit

Wie ein Menschenbaby auch, braucht ein Welpe zunächst ein gewisses Bewusstsein dafür, wo er sich lösen darf und wo nicht. Gehen Sie bei der Erziehung zur Stubenreinheit ganz behutsam vor und überfordern Sie Ihren

Beobachten Sie Ihr Hundekind genau und loben Sie es nach der „Tat“ im Freien ausgiebig.

kleinen Shepherd nicht. Bringen Sie ihn nach jeder Mahlzeit und gleich nach dem Aufwachen zum Lösen ins Freie. Beobachten Sie Ihr Hundekind ganz genau, denn auch, wenn er beispielsweise breitbeinig am Boden schnüffelt, ist schnelles Handeln angebracht, denn postwendend kann ein Pfützchen folgen. Verrichtet der Kleine draußen sein Geschäft, loben Sie ihn unbedingt überschwänglich.

Damit nachts möglichst nichts daneben geht, stellen Sie in Ihrem Schlafzimmer als anfängliches Welpenlager einen hohen Pappkarton oder eine Transportbox auf, aus der Ihr Vierbeiner nicht selbstständig herauskommt. Weil er sein eigenes Lager nicht beschmutzen will, wird er unruhig und fängt an zu winseln, wenn er muss; bringen Sie ihn dann schnell hinaus. Entdecken Sie ein Pfützchen im Haus, entfernen Sie es stillschweigend und gründlich, damit Ihr Welpe nicht wieder, von seinem eigenen Geruch angezogen, an derselben Stelle uriniert. Ertappen Sie ihn gerade beim Lösen, heben Sie ihn mit einem bestimmten „Nein“ hoch und tragen Sie ihn in den Garten. Fährt er dort mit seinem Geschäft fort, loben Sie ihn wieder ausgiebig. Unterlassen Sie tunlichst das Hineinstupsen der Hundenase in die Hinterlassenschaften des Welpen, denn dies hat keinerlei Lerneffekt, ist Tierquälerei und somit als Strafe

Plötzliche Unsauberkeit

Unsauberkeit im Erwachsenenalter kann viele Gesichter haben. Um eine organische Ursache abzuklären, suchen Sie zunächst einen Tierarzt auf. Kann dies zweifelsfrei ausgeschlossen werden, begeben Sie sich in Ihrem Umfeld bzw. in der Seele Ihres Hundes auf Spurensuche. Fühlt sich Ihr Hund einsam oder vernachlässigt, verkraftet er einen eventuellen Umzug nicht, ist er eifersüchtig oder wird er gar von Artgenossen aus der Umgebung gemoppt? Oftmals steckt ein psychisches Problem des möglicherweise unverstandenen Vierbeiners dahinter. Auf keinen Fall dürfen Sie Ihren Hund für seine plötzliche Unsauberkeit bestrafen. An erster Stelle muss stets die Ursachenforschung stehen. Daraufhin folgt eine Verhaltensänderung seitens des Besitzers und schließlich auch des Hundes. Unterstützend hat sich der Einsatz von Bachblüten bewährt. Um jedoch differenziert auf das jeweilige Problem des Vierbeiners eingehen zu können, empfiehlt sich anstelle einer willkürlichen Eigenmedikation ein ausführliches Gespräch mit einem veterinärmedizinisch erfahrenen Bachblütentherapeuten.

völlig ungeeignet. Es führt nur zu einem Vertrauensbruch zwischen Ihnen und Ihrem bellenden Knirps.
Anfangs sollten Sie Ihr Hundekind vorsichtshalber alle ein bis zwei Stunden hinausbringen. Je aufmerksamer Sie Ihren Welpen beobachten und je schneller Sie dann reagieren, umso rascher wird Ihr Shepherd stubenrein.

Leinenführigkeit

Mit ein paar Tricks können Sie Ihrem Welpen schnell ein ordentliches Gehen an der Leine beibringen; bleiben Sie dabei auf Dauer konsequent, wird sich Ihr Australian Shepherd auch später kein übermäßiges Ziehen angewöhnen. Machen Sie Ihr Hundekind zunächst einmal spielerisch mit seiner Leine vertraut; lassen Sie es ausgiebig daran schnuppern und zeigen Sie ihm, dass hiervon absolut keine Gefahr für ihn ausgeht. Haben Sie Ihren Welpen angeleint, „überreden" Sie ihn mit einem Leckerli oder seinem Lieblingsspielzeug ein paar Schritte an der Leine zu gehen. Loben und belohnen Sie ihn ausgiebig, wenn er die Leine vergisst und Ihnen folgt. Stellt er sich stur, setzt sich hin oder lässt sich fallen, geben Sie nicht nach; setzen Sie sich unbedingt spielerisch durch, denn einige Knirpse probieren bei dieser Übung bereits, wie weit sie mit ihrem Sturköpfchen gehen können. Versuchen Sie Ihren Welpen in einem solchen Fall abzulenken und locken Sie ihn zu sich. Die richtige Motivation spielt für den jungen Hund eine entscheidende Rolle. Loben Sie sofort ausgiebig bei jedem Schritt in die richtige Richtung.

Übertriebene Leinenführigkeit

Einige Hundeführer lassen ihre Vierbeiner an der Leine nur streng Bei-Fuß gehen; dies ist als Dauerzustand sicherlich übertrieben. Der Hund hat durch das ständige Bei-Fuß-Gehen keine Möglichkeit mehr, unterwegs stehen zu bleiben und zu schnüffeln. Da das Lesen und Setzen von Duftmarken für den Vierbeiner zu einem intakten Sozialverhalten und der internen Kommunikation mit Artgenossen gehört, macht ihm solch ein strenger Spaziergang schlicht und einfach keinen Spaß.
Ab und zu ein kleiner Zug nach vorne ist erlaubt und noch nicht als mangelnde Leinenführigkeit anzusehen. Gönnen Sie Ihrem bellenden Kamerad möglichst oft leinenfreie Phasen, in denen er sich nach Herzenslust so richtig austoben darf.

Mit einem leinenführigen Hund macht das Gassigehen noch mehr Spaß.

In Gesellschaft spaziert es sich noch viel besser ...

Hat Ihr Aussie die Leine erst einmal akzeptiert, geht es daran, ihn gar nicht erst zum Ziehen zu verleiten. Rufen Sie Ihren Hund zu sich und klopfen Sie sich dabei gleichzeitig aufmunternd ans Bein, sobald sich die Hundeleine spannt; machen Sie sich interessant, indem Sie ein Leckerli oder das Lieblingsspielzeug Ihres Vierbeiners in der Hand halten; reden Sie immer wieder mit Ihrem Shepherd und motivieren Sie ihn mit Spaß, an lockerer Leine bei Ihnen zu bleiben; loben Sie ausgiebig, wenn Ihr Jungspunt zu Ihnen kommt und auch bei Ihnen bleibt. Gehen Sie außerdem öfters neue Wege, so wird der tägliche Gang für Sie beide interessanter.

Erfolgreiche Verzögerungstaktik

Eine weitere Möglichkeit, eine gute Leinenführigkeit zu erreichen, ist, stehenzubleiben, sobald sich die Leine spannt; reden Sie nicht mit Ihrem Hund und ziehen Sie auch selbst nicht an der Leine, sondern warten Sie einfach ab. Geht der Spaziergang nicht weiter, wird sich Ihr wedelnder Begleiter schnell umdrehen, um zu sehen, warum es eine Verzögerung gibt. Lockert sich in diesem Moment die Leine, loben Sie Ihren Vierbeiner sofort ausgiebig und setzen Sie Ihren Gang in die genau entgegengesetzte Richtung fort. Diese Übung erfordert viel Ruhe und Geduld; anfangs sind etliche Wiederholungen nötig, doch schließlich hat Ihr Shepherd verstanden, dass auf ein Ziehen an der Leine ein sofortiger Stillstand und anschließender Richtungswechsel erfolgt, kein Leinenzug jedoch viel Lob und Spaß bringt.

Ein Leinenruck oder -zug Ihrerseits ist nicht empfehlenswert, um übermäßiges Ziehen an der Leine einzudämmen. Zum Einen kann dies die empfindliche Halswirbelsäule und den Kehlkopf massiv verletzen; zum Anderen zeigen Sie dem Hund genau d a s Verhalten, welches Sie ihm eigentlich abgewöhnen wollen. Ziehen Sie auch dann nicht an der Leine, wenn Ihr Vierbeiner längere Zeit schnüffelt und nicht weiter gehen will; motivieren Sie ihn lieber mit aufmunternden Worten oder einer Spielaufforderung zum Weitergehen. Das Weitergehen können Sie sogar üben, indem Sie immer das gleiche Kommando wie beispielsweise „Weiter“ sowie eine auffordernde Handbewegung verwenden. Dies lernt Ihr Hund am schnellsten unangeleint auf einer Wiese; weil sich Hunde sehr an Ihrer Körpersprache orientieren, ist es wichtig, dass Sie nach der gesprochenen Aufforderung „Weiter" auch wirklich weiter gehen und nicht stehen bleiben. Läuft Ihnen Ihr Shepherd nach, loben Sie sofort wieder kräftig und geben Sie ihm ein Leckerli oder spielen Sie zur Belohnung mit ihm.

Alleinbleiben

Gesittetes Alleinbleiben will gelernt sein und zwar von klein auf, schließlich kann man einen Hund nicht immer und überall hin mitnehmen. Lassen Sie Ihren Aussie anfangs nur kurz allein und zwar erst, wenn er sich in seiner Umgebung ganz sicher und geborgen fühlt. Entfernen Sie sich aus dem Zimmer, wenn er schläft oder mit einem Kauröllchen beschäftigt ist. Liegt Ihr

Sitzt Ihr Welpe bei Ihrer Rückkehr noch brav auf seinem Platz, loben und belohnen Sie ihn.

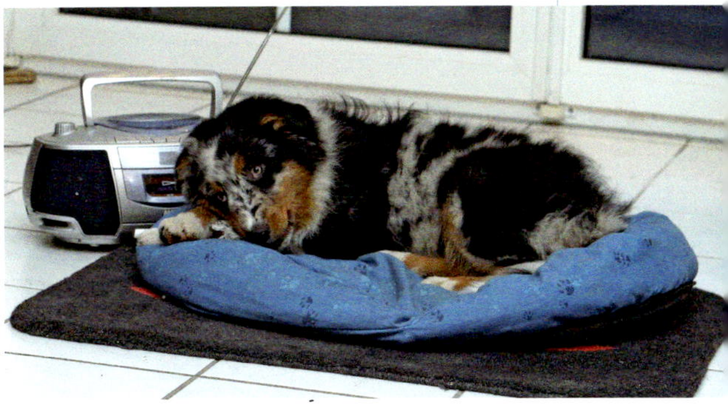

Ihr Aussie fühlt sich nicht so einsam, wenn während Ihrer Abwesenheit leise das Radio läuft.

Welpe bei Ihrer Rückkehr noch brav auf seinem Platz, loben Sie ihn.

Vergrößern Sie langsam die Zeitspanne und gehen Sie schließlich ganz aus dem Haus. Machen Sie kein Drama aus Ihrem Weggehen und verabschieden Sie sich nicht groß. Je mehr Aufhebens Sie um Ihren Aufbruch und Ihre Rückkehr machen, umso eher erziehen Sie Ihren Vierbeiner zu späterer Trennungsangst. Loben Sie jedoch, wenn er brav auf Sie gewartet hat und spendieren Sie ruhig auch mal ein Leckerli.

Trotz aller Übung gibt es immer wieder Härtefälle, die sich sehr schwer mit dem gesit-

Weitere Tipps

Das Alleinebleiben fällt Hunden leichter, die müde sind. Gehen Sie daher vorher mit Ihrem Vierbeiner spazieren oder spielen Sie mit Ihm. Auch satte Hunde sind schläfrig. Es empfiehlt sich also außerdem, Ihren Australian Shepherd vor Ihrem Weggang zu füttern. Lassen Sie ihn anschließend aber noch einmal nach draußen, damit er sich lösen kann. Viele Hunde tröstet schon ein vertrautes Kleidungsstück wie ein ausrangierter Socken oder eine alte Jacke von Ihnen im Körbchen.

Da geteiltes Leid bekanntlich halbes Leid ist, fällt es vielen Hunden leichter, zu zweit auf Ihre Rückkehr zu warten.

teten Alleinbleiben tun. Versüßen Sie so einem „Sorgenkind" die Zeit des Wartens mit einfachen Spielsachen.

Rezepte gegen Langeweile

Bevor sich Ihr Hund über Gardinen, Möbel oder andere Einrichtungsgegenstände hermacht, stellen Pappschachteln oder leere Allzweckrollen eine willkommene Abwechslung dar, um den hündischen Frust abzureagieren. Eine tolle Beschäftigung garantieren außerdem kleinere, stabile Kartons mit Deckel. Darin verstecken Sie in Zeitung gewickelte Leckerlis. Nun verschließen Sie den Karton. Während Supernasen schon so die Knabbereien erschnuppern und eifrig „auspacken" werden, können Sie für weniger Geübte einige „Duftlöcher" in die Schachtel stechen.

Vergräbt Ihr Hund gerne Leckereien, hat es sich bewährt, ihm Plätze in der Wohnung dafür einzurichten, an denen er nach Herzenslust „graben" darf. Hierfür verteilen Sie beispielsweise ausgediente Handtücher oder Decken an verschiedenen Stellen eines Raumes. Dies schützt auch davor, einen feucht-klebrigen Kauknochen oder ähnliches abends im eigenen Bett zu finden.

Interessanter ist das Warten ebenfalls mit einem Futterball aus dem Zoofachhandel, der nur ab und zu bei bestimmten Bewegungen über verschieden große Öffnungen Leckerlis

Ein junger Hund nimmt gerne alles Mögliche mit seinen Zähnen unter die Lupe, auch Ihre Hände.

frei gibt; von Ihrem Shepherd ist hier Geduld und Geschicklichkeit gefordert. So ist er dadurch von anderem Schabernack abgelenkt.
Ihr Aussie fühlt sich auch nicht so einsam, wenn in Ihrer Abwesenheit das Radio läuft.
Da geteiltes Leid bekanntlich halbes Leid ist, wäre eine andere Möglichkeit, sich einen zweiten Hund anzuschaffen, bzw. seinen Hund eventuell vorübergehend mit einem befreundeten „Leihhund" aus der Nachbarschaft zu vergesellschaften. Dies hat schon so manchen Quälgeist zur Vernunft gebracht, sodass er inzwischen sogar alleine und, ohne außerplanmäßige Dummheiten zu machen, auf Herrchens Heimkehr wartet.
Schimpfen Sie Ihren Vierbeiner nicht, wenn er während Ihrer Abwesenheit etwas angestellt hat; dafür müssten Sie ihn wirklich auf frischer Tat ertappen, ansonsten bringt er die Bestrafung nur mit Ihrer Rückkehr, nicht aber mit seinem Vergehen in Zusammenhang. Ignorieren Sie Ihren Aussie lieber, bis Sie alle Spuren beseitigt haben.

Abgewöhnen von Jugendsünden

Die Flegelphase eines Junghundes beginnt etwa ab dem achten Lebensmonat. In diese Zeit fällt auch die Geschlechtsreife des Vierbeiners. Ihr Aussie testet nun vermehrt aus, wie weit er bei Ihnen gehen kann, und ob er Ihnen wirklich gehorchen muss oder nicht. Außerdem stellt der Jungspund allerhand Unfug an; einige Hunde sind hierbei unglaublich kreativ. Kein Wunder, schließlich suchen sie mit ihrem aufmüpfigen Verhalten ihre genaue Rangposition innerhalb des Familienrudels. Spätestens jetzt ist ein konsequentes Grenzensetzen enorm wichtig, ansonsten wächst Ihnen Ihr Shepherd schnell über den Kopf. Achten Sie unbedingt auf feste sowie klare Regeln und einen strukturierten Tagesablauf für Ihren Vierbeiner. Nur so merkt er, wer in der Familie das Sagen hat; er orientiert sich daran und passt sich an.

Geben Sie Ihrem Aussie nichts von Ihrer Mahlzeit ab, sonst erziehen Sie ihn regelrecht zum Betteln.

Betteln

Füttern Sie Ihren Hund am Tisch, fordert Ihr Aussie mit der Zeit seinen Obolus schon durch vehementes Betteln ein. Selbst wenn Sie dieses Verhalten nicht stört, fällt Ihr Junghund und damit auch Ihre Erziehung bei Besuchern oder in einer eventuellen Pflegestelle doch sehr negativ auf. Damit es erst gar nicht so weit kommt, richten Sie Ihrem Vierbeiner von Anfang an einen eigenen, festen Futterplatz ein; nur hier wird er gefüttert. Während Ihrer Mahlzeit muss Ihr Vierbeiner auf seinem Platz liegen. Möchten Sie ihm dennoch ein kleines Stückchen Wurst oder Käse von Ihrer Brotzeit aufheben, geben Sie es dem Hund trotzdem erst, wenn Sie mit Essen fertig sind.

Knabber- und Beißspiele

Absolut unerwünscht ist das Beknabbern und Zerbeißen von Schuhen oder ähnlichem; der bellende Teenager zwickt auch gerne in

Hände, Füße und (Hosen-)Beine. Zwar ist das Knabbern nicht generell schlecht, immerhin nimmt der Junghund damit seine Umgebung ganz genau unter die Lupe. Neue Dinge lernt er also auf diese Weise erst einmal kennen. Trotzdem müssen Sie dieses Verhalten zuhause in die richtigen Bahnen lenken.

Am besten bekommt Ihr Aussie gar keine Gelegenheit, an Ihre Schuhe oder Socken zu gelangen. Hat er doch einmal etwas Unerlaubtes zwischen den Zähnen, nehmen Sie es ihm mit einem energischen „Nein" weg. Nach einer kurzen Pause lenken Sie ihn mit einem kleinen Spiel ab, und geben ihm anschließend ein erlaubtes Kauspielzeug. In dieser Phase ist es besonders wichtig, dem Vierbeiner genügend „legale" Knabberspielsachen aus Hartgummi, Hartholz oder Büffelhaut zur Verfügung zu stellen, denn häufig kaut der Welpe schon aus Langeweile. Ebenfalls unerlässlich ist natürlich eine angemessene Auslastung durch Spaziergänge und Spiele.

Vergreift sich Ihr Shepherd im Spiel zu fest an Ihrer Hand, reagieren Sie erneut mit einem „Nein" und beenden Sie das Spiel sofort. Bald stellt der Kleine sein Zwicken ein, denn der stets folgende Spielentzug macht das Beißen unattraktiv.

Futterklau

Viele Hunde klauen bei jeder Gelegenheit wie die Raben alles Essbare vom Tisch. Dies ist dem Vierbeiner nur schwer abzugewöhnen, denn es handelt sich dabei um ein selbst belohnendes Verhalten: Der Hund wird mit dem geklauten Futter umgehend für seine Tat belohnt. Diese Verstärkung bringt Ihren Hund also dazu, die unerlaubte Handlung immer wieder durchzuführen. Am besten lassen Sie nichts Essbares in

Da Futterklau ein selbstbelohnendes, schwer abzugewöhnendes Verhalten ist, lassen Sie am besten nichts Essbares in Reichweite Ihres Aussies liegen.

Reichweite Ihres Aussies liegen. Schimpfen Sie Ihren Hund nur, wenn Sie ihn auf frischer Tat ertappen, ansonsten hat er seinen Diebstahl vergessen und bringt die Strafe mit Ihrer Rückkehr in Verbindung.
Einen Futterklau können Sie auch provozieren und gleich mit einem schlechten Erlebnis für den Vierbeiner kombinieren: befestigen Sie dafür an einem besonders verlockend duftenden Leckerbissen laut scheppernde Blechdosen; platzieren Sie die Verlockung nun genau an der Tischkante. Entfernen Sie sich anschließend aus dem Zimmer und lassen Sie Ihren Hund mit der Versuchung allein; schnappt er jetzt nach der Leckerei, fallen auch die Dosen lärmend zu Boden. Ihr Dieb erschreckt sich und wird so schnell nichts mehr vom Tisch klauen.

Hunde lieben erhöhte Aussichtsplätze. Aber aufs Sofa sollte der Aussie nur mit Ihrer Erlaubnis dürfen und vor allem ohne Murren wieder herunterspringen.

Springen auf Möbel

Hunde lieben erhöhte Sitz- und Liegeplätze; daher springen sie gerne auf das Bett, die Couch oder einen Sessel. Nicht nur der gemütliche Liegekomfort spielt hier eine Rolle, sondern auch die tolle Rundumsicht, mit der Hund stets alles im Blick hat. Im Prinzip spricht nichts dagegen, wenn Ihr Australian Shepherd auf Kommando hinauf- und vor allem wieder hinabspringt. Tut er das nicht, oder nur unter Protest, lassen Sie ihn gar nicht mehr nach oben.
Eine Bestrafung nützt jedoch wieder nur, wenn Sie den Täter prompt überführen. Damit sich Ihr Vierbeiner während Ihrer Abwesenheit nicht unerlaubt aufs Bett oder auf die Couch legt, machen Sie ihm die Liegefläche einfach so ungemütlich wie möglich: legen Sie eine dünne Decke aus, unter der Sie lärmende Gegenstände wie Topfdeckel oder mit Kieselsteinen gefüllte Blechdosen verstecken. Springt Ihr Hund nun auf das so präparierte Sofa, erschreckt er durch die laut scheppernden Dinge; auch der Liegekomfort ist dadurch stark beeinträchtigt, sodass Ihre Couch schnell unattraktiv wird. Manchmal reicht es sogar schon, den verbotenen Platz mit beidseitigem Klebeband zu präparieren; bei jeder Berührung ziept es, weil einige Haare daran hängen bleiben.

Übermäßiges Bellen

Dauerkläffen kann verschiedene Ursachen haben. Viele Hunde bellen, um mehr Aufmerksamkeit zu bekommen. Ihre wütende Reaktion reicht ihnen meist schon als Bestätigung und Motivation, weiterzumachen. Andere Vierbeiner bellen aus Unsicherheit oder Angst: etliche sensible Vertreter werden gerade während Ihrer Abwesenheit aus Verlassensangst laut (siehe Kapitel „Alleinbleiben"). Manchen Kläffern wurde das Bellen auch unbewusst anerzogen: gerade bei Junghunden wird das Anschlagen häufig in bestimmten

Damit übermäßiges Bellen aus Langeweile unterbleibt, ist ein vielseitiges Beschäftigungsprogramm wichtig.

Situationen durch eine Belohnung gefördert. Australian Shepherds sind in der Regel sehr wachsam, was vor allem in Verbindung mit Langeweile zu einem lästigen Dauerbellen führen kann. Oft steigern sich Hunde immer weiter in ihr Kläffen hinein. Um übermäßiges Bellen abzustellen, ist in erster Linie eine intensive, auslastende Beschäftigung wichtig. Fordern Sie Ihren Shepherd mit einer alternativen Aufgabe. Loben und Belohnen Sie Ihren Hund in Bellpausen ausgiebig. Lassen Sie Ihren redseligen Vierbeiner während seiner „Arie" ins „Platz" gehen: im Liegen fühlen sich Hunde unsicherer und möchten nicht noch zusätzlich auf sich aufmerksam machen. Auch ein großer Kauknochen kann hilfreich sein.

Bellt Ihr Aussie im Garten oder auf dem Balkon, wirkt eine Wasserpistole mit größerer Reichweite Wunder: Der Hund wird überraschend getroffen und verbindet die Strafe nicht mit Ihrer Hand.

Grundkommandos

„Sitz

Reagiert Ihr Aussie sicher auf seinen Namen, beginnen Sie mit der „Sitz"-Übung. Nehmen Sie hierfür ein Leckerli in die Hand, zeigen Sie es Ihrem Hund, damit er aufmerksam wird, aber geben Sie es ihm noch nicht. Führen Sie nun den Futterbrocken langsam an der Nasenspitze des Vierbeiners vorbei nach oben und dann nach hinten, in Richtung Hundestirn. Da Ihr haariger Schüler dem verlockenden Leckerbissen folgen möchte, muss er sich am Ende Ihrer Hand-

Nach der Ausführung des Kommandos „Sitz"....

... loben und belohnen nicht vergessen.

bewegung zwangläufig hinsetzen. Belohnen Sie ihn jetzt sofort mit der Leckerei, sagen Sie dabei das Kommando „Sitz" und loben Sie ihn ausgiebig.
Wiederholen Sie diese Übung mehrmals täglich. Möchte sich Ihr Vierbeiner nicht hinsetzen, drücken Sie zusätzlich sanft sein Hinterteil nach unten. Setzt er sich nun, loben und belohnen Sie sofort; vergessen Sie außerdem nicht, den Befehl „Sitz" zu geben. Klappt die Lektion schließlich auf Kommando, führen Sie zusätzlich zur Sprache ein Sichtzeichen (z.B. erhobener Zeigefinger) ein. Später wird das visuelle Signal genügen, damit Ihr Shepherd absitzt. Das Erlernen von Sichtzeichen kann Ihnen und Ihrem Hund vor allem auf die Entfernung hin sehr nützlich sein.
In der Regel lernen Hunde das „Sitz" sehr schnell.

„Platz"

Da das Hinlegen auf Befehl vom Hund als Unterordnung empfunden wird, ist das Einüben des „Platz"-Befehls häufig schwieriger als das Erlernen des Kommandos „Sitz". Nicht jeder Vierbeiner möchte sich so einfach ergeben, daher kann es hierbei vor allem mit sehr selbstbewussten Hunden Probleme geben.
Lassen Sie Ihren Aussie zunächst vor Ihnen absitzen und anschließend an Ihrer Hand schnuppern, in der ein Leckerli versteckt ist. Gehen Sie dann mit Ihrer verlockend duftenden Hand von der Hundenase abwärts zwischen den Vorderbeinen des Hundes bis auf den Boden; dort angekommen ziehen Sie das Leckerli langsam zu sich her. Da Ihr haariger Schüler dem Futterbrocken mit der Nase folgen möchte, wird er sich aus Bequemlichkeit am Ende von selbst hinlegen, um besser

Erarbeiten Sie das „Platz" aus dem „Sitz" heraus und führen Sie gleich ein Sichtzeichen mit ein.

Vergrößern Sie neben dem Zeitfaktor allmählich auch die Entfernung zum Hund.

Aussie aufgepasst!

Trainieren Sie mit Ihrem Shepherd nur, wenn Sie seine volle Aufmerksamkeit haben. Machen Sie sich für Ihren Hund zunächst also mit einem Leckerli oder seinem Lieblingsspielzeug interessant. Beginnen Sie die Übung erst, wenn Ihr Vierbeiner genau auf Sie achtet.

an Ihre Hand zu gelangen. Sagen Sie genau in diesem Moment „Platz", loben Sie den Hund ausgiebig und belohnen Sie ihn mit dem Leckerli. Steht Ihr Vierbeiner bei dieser Übung lieber auf, anstatt sich hinzulegen, helfen Sie mit sanftem Druck auf seine Schultern etwas nach. Bei Erfolg Lob und Belohnung sowie das gesprochene Kommando nicht vergessen. Klappt das „Platz", führen Sie ein zusätzliches Sichtzeichen ein. Winkeln Sie dafür beispielsweise Ihren Unterarm im 90°-Winkel an und strecken Sie ihn langsam nach unten aus; Ihre Handfläche bleibt dabei ebenfalls ausgestreckt.

Lern-Tipps

Trainieren Sie kein neues Kommando ehe das vorher angefangene nicht sicher klappt. Üben Sie nie mit Ihrem Hund, wenn Sie gestresst und schlecht gelaunt sind oder keine Zeit haben. Ihre negative Stimmung überträgt sich sofort auf Ihren vierbeinigen Schüler; er ist dadurch verunsichert und bekommt unter Umständen eine Lernblockade. An erster Stelle des Trainings muss immer Spaß und gute Laune stehen.

„Bleib"

Das Kommando „Bleib" wird in der Hundeerziehung oft unterschätzt. In vielen Situationen kann es von großer Bedeutung sein, den Vierbeiner in einer bestimmten Position verharren zu lassen, etwa vor dem Bäcker, an einer Straße oder um den Hund von der Verfolgung von Wild oder einer Katze abzuhalten.

Am einfachsten lernt Ihr Aussie den Befehl „Bleib" über die Grundkommandos „Sitz" und „Platz". Lassen Sie Ihren Vierbeiner zunächst vor Ihnen absitzen oder abliegen. Kombinieren Sie dabei das „Sitz" oder „Platz" ab jetzt mit dem Wort „Bleib". Verwenden Sie zusätzlich von Anfang an folgendes Sichtzeichen: Ihre Handfläche zeigt am ausgestreckten Arm zu Ihrem Hund. Dies symbolisiert Ihrem Shepherd ein Stopp bzw. ein Verharren in der momentanen Position.

Erstrecken Sie das „Bleib" anfangs nur über eine sehr kurze Zeitspanne und steigern Sie diese erst allmählich. Sparen Sie wie immer nicht mit Lob. Schimpfen Sie andererseits nicht, wenn Ihr wedelnder Schüler zunächst nicht in der gewünschten Stellung bleibt. Hier helfen nur Geduld und ein ruhiges „Nein“ sowie das anschließende erneute In-Position-Bringen unter Verwendung der entsprechenden Befehle (z.B. „Sitz und Bleib“) und des Sichtzeichens. Vergrößern Sie neben dem Zeitfaktor allmählich auch die Entfernung zum Hund. Erhöhen Sie den Schwierigkeitsgrad nach und nach, indem Sie die Übungsorte wechseln, und außerdem für Ihren Aussie Ablenkungen schaffen, auf die er natürlich nicht reagieren darf (z.B. durch Geräusche, Gegenstände, andere Menschen, andere Hunde). Selbst, wenn Sie außer Sichtweite sind, sollte Ihr vierbeiniger Gefährte schließlich in der gewünschten Position verharren. Erschweren Sie die Übung immer erst dann, wenn der vorausgegangene Schritt wirklich sitzt. Beherrscht Ihr haariger Kamerad das Kommando „Bleib“ perfekt, können Sie es ab jetzt in Ihren Alltag integrieren und Ihren vierbeinigen Musterschüler beispielsweise in Erwartung eines leckeren Mitbringsels vor einem Supermarkt, während eines Ausflugs vor einem stillen Örtchen oder bei der Beeren- und Pilzsuche im Wald neben Ihrem Rucksack bedenkenlos warten lassen. Auch

Leinen Sie Ihren Hund im freien Feld erst ab, wenn er in abgeschlossenem Terrain zuverlässig folgt.

als ruhig verharrendes Fotomodell macht Ihr Shepherd nun eine gute Figur.

„Hier“

Trainieren Sie das Herkommen zunächst in einem abgeschlossenen Terrain, in dem sich für den Hund möglichst wenige Ablenkungen bieten. Stellen Sie sich in kurzer Distanz vor den Hund hin und gehen Sie in die Hocke. Ist Ihr Shepherd voll auf Sie konzentriert, rufen Sie ihn beim Namen und gleich darauf das Kommando „Hier“. Locken Sie Ihren Hund zusätzlich mit einem Leckerli oder seinem Lieblingsspielzeug. Kommt der Vierbeiner auf Sie zu, loben und belohnen Sie ihn ausgiebig. Vergrö-

„Bleib“-Training für Regentage

Den „Bleib“-Befehl können Sie an Regentagen auch gut in der Wohnung üben. Entfernen Sie sich zunächst nur innerhalb des Zimmers vom Hund. Solange Sie noch in Sichtweite sind, verwenden Sie unbedingt zum gesprochenen Kommando das Sichtzeichen, ein Signal, das Ihnen in freier Natur auf große Entfernung hin wertvolle Dienste leistet. Später verlassen Sie den Raum ganz, wobei Ihr Australian Shepherd seine Position solange nicht verändern darf bis Sie es ihm erlauben. Erfinden Sie aus dieser Übung heraus Indoor-Spiele wie beispielsweise „Verstecken“ (Mensch, Gegenstände, Futter etc.). Sparen Sie selbstverständlich auch bei Spielen nie mit Lob. Stecken Sie Ihren eifrigen Vierbeiner mit guter Laune an, nur so macht Lernen Spaß!

Machen Sie sich interessant

Wenn Ihr Hund keine Anstalten macht, auf Befehl zu Ihnen zurück zu kommen, sind Sie sicherlich zu uninteressant für ihn. Versuchen Sie die Aufmerksamkeit Ihres Aussies mit einer spannenden Stimme, dem Zeigen eines Leckerlis, einer lustigen Spielaufforderung oder einem Sprint in die entgegengesetzte Richtung, zu erreichen; erst dann wird er auf Ihr Kommando reagieren.

Schimpfen Sie Ihren Hund auf keinen Fall, wenn er erst nach längerem Warten zu Ihnen zurückkommt, denn dann verbindet er die Schelte gerade mit seiner Rückkehr. Er hat längst vergessen, dass er nicht auf den „Hier"-Befehl gehört hat.

ßern Sie die Distanz nach und nach. Gehen Sie jedoch wie immer erst zur nächsten Trainingseinheit über, wenn die Vorherige sicher sitzt. Loben Sie den Vierbeiner überschwänglich, wenn er wieder bei Ihnen ankommt.

Klappt das „Hier" zuverlässig in abgeschlossenem Terrain, beginnen Sie mit ersten Übungen im freien Feld. Dabei ist eine lange Schlepp-Leine hilfreich; lassen Sie die Leine neben dem Hund schleifen; auf das Kommando „Hier" ziehen Sie Ihren Aussie sanft zu sich her. Schnell lernt Ihr haariger Gefährte, Ihren verlängerten Arm zu respektieren und zuverlässig auf Befehl zu kommen, auch wenn Ablenkungen in der Nähe sind.

Die tägliche Fütterung eignet sich ebenfalls als Lockmittel. Wartet der Hund beispielsweise hungrig auf sein Futter, bringen Sie ihn in ein anderes Zimmer, in dem er von einer Hilfsperson festgehalten wird. Gehen Sie dann zurück zum Napf und rufen „Hier". Der Vierbeiner wird losgelassen und rennt sofort zu Ihnen beziehungsweise seinem heiß ersehnten Fressen. Bei dieser Methode verknüpft Ihr Shepherd den „Hier"-Befehl immer mit etwas Angenehmem. Kommt Ihr Hund mehr oder weniger zufällig zu Ihnen, sagen Sie erneut sofort das Kommando „Hier" und loben und belohnen Sie ihn überschwänglich. Auch dieses Zufallsprinzip ist Erfolg versprechend.

Nützen Sie bei einem Welpen den noch vorhandenen Folgetrieb aus und beginnen Sie mit einem Leckerli die „Hier"-Übung.

Lob und Strafe

Lob ist in der Hundeerziehung der Schlüssel zum Erfolg. Belohnen Sie jeden Schritt in die richtige Richtung eines erwünschten Verhaltens sofort, auch wenn Ihr Hund zufällig handelt. Nur so motivieren Sie Ihren Vierbeiner, aus Spaß an der Freude mit Ihnen weiterzuarbeiten. Passen Sie die Art der Belohnung individuell an die Vorlieben Ihres Aussies an. So freuen sich manche Hunde schon sehr über ein gesprochenes Lob und Streicheleinheiten, andere bevorzugen eher Leckerlis; einige Vertreter sind glücklich, wenn sie ihr Lieblingsspielzeug bekommen, wieder andere empfinden ein lustiges Spiel als tolle Belohnung. Setzen Sie Strafen dagegen nicht in Form von körperlicher

Gewalt ein: Abgesehen von einem raschen Vertrauensbruch kann eine körperliche Züchtigung sogar als positive Verstärkung wirken, schließlich bekommt der Vierbeiner damit Aufmerksamkeit bzw. Zuwendung, auch wenn diese negativer Art ist. Dies bestärkt ihn wiederum in seinem Fehlverhalten und veranlasst ihn dazu, weiterzumachen. Viel wirkungsvoller als Gewalt ist der Entzug von Zuwendung, wenn es die Situation zulässt. Ignorieren Sie unerwünschtes Verhalten also einfach.

Bellt Ihr Hund beispielsweise übermäßig, ignorieren Sie es; belohnen Sie andererseits aber jede Bellpause. Auf diese Weise lernt Ihr haariger Freund, dass sich Nicht-Bellen mehr auszahlt als Kläffen. Eine weitere wirksame Vorgehensweise gegen unerwünschtes Verhalten ist, Ihren renitenten Aussie in eine bestimmte langweilige Zimmerecke zu schicken, in der es weder Zuwendung, Futter, eine Schlafdecke und Spielsachen, noch ein interessantes Fenster zum Hinausschauen und Beobachten gibt. Stellt Ihr Shepherd etwas Verbotenes an, bringen Sie ihn sofort (innerhalb von zwei Sekunden) nach einem (!) kurzen Befehl („Nein", „Aus", „Pfui" etc.) auf den vorher beschriebenen faden Platz; hier bleibt Ihr Vierbeiner die nächsten zwei bis fünf Minuten. Anschließend holen Sie ihn wieder, jedoch ohne ihn zu begrüßen und ein Wort zu sagen. Die Sache ist nun erledigt und Sie gehen wieder zur Tagesordnung über. Beginnt Ihr Hund erneut mit Unfug, ermahnen Sie ihn einmal (!) mit demselben Befehl von vorhin („Nein", „Pfui", „Aus" etc.). Reicht dies noch nicht aus, um ihn von seinem Vorhaben abzubringen, muss er wieder in seine „Schämecke". Schon bald merkt Ihr Aussie, dass sein Schabernack langfristig keinen Spaß macht. Bestimmte Angewohnheiten können Sie Ihrem Hund auch abgewöhnen, indem Sie ihm seine Macken einfach verleiden oder seine Aufmerksamkeit auf etwas Erlaubtes umlenken (siehe Kapitel „Abgewöhnen von Jugendsünden").

Fazit Sparen Sie in der Hundeerziehung also nicht mit Lob und Belohnung; Strafen Sie dagegen nur wohldosiert und gut überlegt, denn das Vertrauen eines Vierbeiners ist durch unüberlegtes Handeln schneller zerstört, als es sich später wieder aufbauen lässt.

Schwere Verhaltensauffälligkeiten wie Schnappen oder Beißen dürfen selbstverständlich nicht ignoriert werden. Wenden Sie sich in einem solchen Fall an einen kompetenten Hundetrainer.

Beidseitiges Vertrauen ist wertvoll. Zerstören Sie dies niemals durch unüberlegtes Strafen.

Pflege

Gewisse Pflegemaßnahmen sind bei Hunden unerlässlich. Gewöhnen Sie daher am besten schon Ihren Welpen an die wichtigsten Handgriffe. Gehen Sie grundsätzlich bei allen Pflegemaßnahmen sanft und behutsam vor.

Welche Pflegemaßnahmen sind nötig und wie gewöhnt man den Australian Shepherd daran?

Pfotenabputzen und Stillhalten beim Bürsten müssen erst einmal gelernt werden. Möglichst frühzeitig sollten Sie Ihren Welpen auch an Augen-, Ohr-, Zahn- und Krallenkontrolle gewöhnen. Belohnen und loben Sie Ihr Hundekind ausgiebig, wenn es bei der Pflege ruhig und gelassen bleibt. Fasst Ihr junger Vierbeiner das Ganze als lustiges Spiel auf oder wehrt er sich, bringen Sie ihn mit einem bestimmten „Nein" zur Ruhe; hält er wieder still, loben und belohnen Sie ihn sofort.

Fellpflege

Wölfe haben ihre ganz eigene Art der Fellpflege: Sie nehmen Sand- und Schlammbäder, die gleichzeitig wie eine Massage wirken und die Talgdrüsen der Haut anregen. Die Haare werden durch Lecken gereinigt, wobei der Speichel dabei Keime abtötet. Unsere Hunde verhalten sich ganz ähnlich, allerdings entspricht diese Art der Fellpflege nicht unserem hygienischen Verständnis, sodass wir hier gerne nachhelfen. An das Bürsten gewöhnt sich der Australian Shepherd in der Regel schnell, denn bald merkt er, dass Fellpflege auch eine sehr angenehme Massage sein kann, die hervorragend die Durchblutung der Haut anregt. Seien Sie allerdings besonders vorsichtig bei Welpen: Ziept das Kämmen, könnten Sie ihm die Fellpflege leicht dauerhaft verleiden.

Bürsten Sie das mittellange Fell Ihres Aussies regelmäßig und immer mit dem Strich, also in Haarwuchsrichtung von vorne nach hinten; untersuchen Sie Ihren bellenden Freund dabei gleich auf einen eventuellen Parasitenbefall oder Hautverletzungen. Vor allem die feineren Haare an den Ohren, den Läufen und der Rute verfilzen leicht; sie benötigen daher besondere Aufmerksamkeit. Da Australian

Besondere Behutsamkeit ist beim Kämmen gefragt, denn schnell kann es schmerzhaft ziepen.

Normalerweise ist es nicht nötig, den Aussie zu baden; sein Fell ist selbstreinigend, grober Schmutz kann ausgebürstet oder abgerubbelt werden.

Shepherds reichlich Unterwolle haben, fällt auch der Fellwechsel entsprechend üppig aus. In dieser Zeit ist natürlich vermehrtes Bürsten angesagt. Unterstützen Sie den halbjährlichen Haarwechsel von innen mit einer über das Futter gestreuten Kräutermischung aus Löwenzahn, Birkenblättern, Brennnesseln und Ackerschachtelhalm. Spitzwegerich, Kerbel und Petersilie helfen aufgrund ihres hohen Vitamingehalts, das Immunsystem anzuregen. Entsprechende Fertigpräparate gibt es inzwischen im Fachhandel zu kaufen.

Schmutz entfernen Sie am besten, indem Sie ihn ausbürsten oder abrubbeln. Meist reinigt sich das Fell des Aussies sogar von selbst. Vor allem Welpen sollten Sie nur im Notfall in die Wanne setzen, denn zu häufiges Baden zerstört die Schmutz abweisende und wetterfeste Schutzschicht des Felles. Anschließendes Föhnen ist zu vermeiden, denn das ungewohnte Geräusch, die Lautstärke und das warme Gebläse machen einem Hund leicht Angst. Rubbeln Sie den Vierbeiner nach dem Abspülen lieber gut mit einem Handtuch trocken und lassen Sie ihn an kalten Tagen wegen der Erkältungsgefahr nicht sofort ins Freie, sondern stellen Sie seinen Korb in die Nähe der wärmenden Heizung.

Pfoten

Nützen sich die Krallen Ihres Aussies nicht auf natürliche Weise ab, müssen sie von Zeit zu Zeit geschnitten werden, damit sie nicht abbrechen. Führen Sie Ihren Welpen hier ganz langsam und in kleinen Schritten heran: nehmen Sie zunächst immer wieder abwechselnd eine seiner Pfoten auf und halten Sie diese kurz in der Hand; fasst der Hund Ihr Vorgehen als lustiges Spiel auf oder will er seine Pfote wegziehen, korrigieren Sie ihn mit einem energischen „Nein“; bleibt er ruhig, loben Sie ihn ausgiebig. Zum Krallenschneiden verwenden Sie eine spezielle Zange aus dem Fachhandel; achten Sie darauf, dass Sie keine Blutgefäße verletzen. Am besten lassen

Sie sollten Ihrem Aussie die Krallen ab und an schneiden lassen, wenn sich diese nicht auf natürliche Weise abnutzen.

Halten Sie das Hundeohr immer sauber, damit es nicht zu schmerzhaften Entzündungen durch Bakterien oder Pilze kommt. Kontrollieren Sie es auf Fremdkörper.

Sie sich die richtige Technik erst einmal von Ihrem Tierarzt zeigen.

Im Winter kann ein vorsichtiges Kürzen der Haare zwischen den Ballen angebracht sein, damit sich darin keine Schneeklumpen bilden, die den Aussie beim Laufen behindern.

Das Pfotenabputzen üben Sie ebenfalls durch das abwechselnde Aufnehmen der Pfoten. Möchte Ihr Junghund während des Abputzens in das Handtuch beißen, reagieren Sie erneut mit einem „Nein"; verhält er sich dagegen brav, winkt am Ende wieder eine Belohnung. Im Winter empfiehlt sich zusätzlich eine regelmäßige Ballenkontrolle, denn durch das viele Streusalz wird die Pfotenunterseite leicht trocken oder rissig; Abhilfe schaffen Einreibungen mit Hirschtalg, Melkfett oder Vaseline.

Augen, Ohren, Zähne

Führen Sie Ihren Hund besonders behutsam an die Augenpflege heran; streichen Sie Ihrem Welpen schon im Spiel oder während des

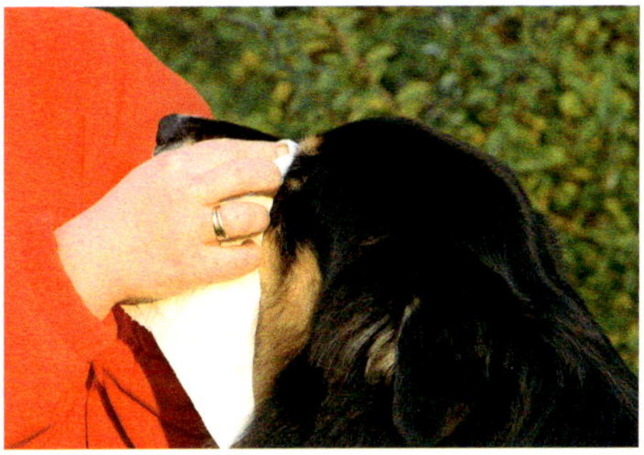

Für die Augenpflege gibt es im Fachhandel spezielle Tücher, mit denen sich Verkrustungen leicht entfernen lassen.

Streichelns immer wieder kurz über die Augen. Entfernen Sie Sekret oder Verkrustungen in den Augenwinkeln später mit einem weichen, feuchten, sauberen Tuch. Im Zoofachhandel bekommen Sie hierfür spezielle Pflegetücher. Kontrollieren Sie auch ab und zu die Ohren Ihres Vierbeiners.

Achten Sie darauf, dass sich weder Krusten oder Fremdkörper im Ohr befinden noch Haare in den Gehörgang wachsen. Eventuell

Weitere Pflege-Tipps

Auch regelmäßige Impfungen gegen Staupe, Hepatitis, Leptospirose, Parvovirose und Tollwut sowie Entwurmungen gehören zu den obligatorischen Pflegemaßnahmen bei einem Hund. Um einen Parasitenbefall zu vermeiden, ist außerdem ein sauberer Schlafplatz wichtig: Verwenden Sie nur Decken, Kissen oder Polster, die maschinenwaschbar sind. Untersuchen Sie Ihren Australian Shepherd zudem von Frühjahr bis Herbst täglich auf Zecken, denn diese könnten Ihren Hund mit Borreliose infizieren. Spezielle Präparate vom Tierarzt schützen vor starkem Zeckenbefall. Lassen Sie sich bei der Wahl des richtigen Mittels beraten.

vorgefundene, unangenehme Parasiten müssen schnell behandelt werden. Halten Sie das Hundeohr sauber, damit es nicht zu schmerzhaften Entzündungen durch Bakterien oder Pilze kommt. Verwenden Sie für die eventuell nötige Säuberung des Gehörgangs jedoch keine Wattestäbchen, sondern nur spezielle Flüssigreiniger vom Tierarzt.
Eine regelmäßige Zahnkontrolle führen Sie am besten von klein auf bei Ihrem Shepherd durch. Harte Leckereien zwischendurch entfernen schädliche Beläge. Zur dauerhaften Gesunderhaltung von Zahnen und Zahnfleisch empfiehlt sich regelmäßiges Zähneputzen; hierfür gibt es im Zoofachhandel oder bei Ihrem Tierarzt Hundezahnbürsten und -pasten. Aber auch zahnpflegende Kaustripes haben sich bewährt. Allerdings sind diese in Hundekreisen wohl Geschmacksache und nicht bei jedem Vierbeiner beliebt.

Die wichtigsten Pflegeutensilien

- ✓ Kamm und Bürste für lang- bzw. kurzhaarige Hunde
- ✓ Flüssiger Ohrreiniger vom Tierarzt
- ✓ Reinigungstücher für die Augen
- ✓ Hundezahnbürste und -pasta bzw. Kaustripes zur Zahnpflege
- ✓ Krallenschere
- ✓ Vaseline, Hirschtalg oder Melkfett zur Ballenpflege
- ✓ Zeckenzange

Zahnwechsel bei Welpen

Der Zahnwechsel beginnt etwa im vierten Lebensmonat des Welpen. Geben Sie Ihrem Vierbeiner in dieser Zeit genügend Kaumaterial wie Büffelhautknochen und Spielzeug aus Hartgummi oder Hartholz. Gegen eventuell auftretende Schmerzen helfen, wie bei Babys, das zuckerfreie Dentinox-Gel aus Kamillenblüten oder das homöopathische Kombi-Präparat Osanit. Fällt ein Milchzahn nicht von selbst aus, obwohl schon der neue Zahn sichtbar ist, sollten Sie den alten vom Tierarzt ziehen lassen, damit es nicht zu Gebissfehlstellungen kommt.

Zu den wichtigsten Pflegeutensilien für den langhaarigen Australian Shepherd gehören Bürste und Kamm.

Schmuddelwetter-Tipps

Das wichtigste Utensil an Schlechtwettertagen ist sicherlich ein Handtuch. Deponieren Sie grundsätzlich in Ihrem Auto ein Tuch, um Ihren Aussie schon vor dem Einsteigen gründlich abrubbeln zu können. Im Fahrzeug selbst hat es sich bewährt, den Hundeplatz mit einer waschbaren Decke oder einer Gummischmutzfangmatte auszustatten: Beide Teile sind leicht separat zu reinigen, ohne dass Sie gleich das ganze Auto einer Komplettreinigung unterziehen müssen. Die Unterbringung des nassen Hundes in einer, mit

saugfähigen Tüchern ausgelegten, Transportbox ist ebenfalls möglich, denn auch diese ist einfach zu säubern und begrenzt den Schmutzeintrag auf eine kleine Fläche.
Ein weiteres Handtuch legen Sie vor die Haustür, denn putzen Sie Ihren Shepherd bereits vor der Wohnung gründlich ab, bleibt der größte Dreck auf jeden Fall draußen.
Hat Ihr bellender Freund jederzeit freien Zugang nach draußen, empfiehlt sich ein feuchtes oder gut saugendes Tuch auf dem Boden des Verbindungsbereichs zwischen Haus und Garten; läuft Ihr Hund nun in die Wohnung, tritt er sich schon ganz automatisch die Pfoten auf seinem „Eingangsteppich" ab.
Gerade in der Schmuddelwetterzeit ist es von großem Vorteil, wenn Ihr Aussie auf Kommando seinen Platz aufsucht und dort so lange bleibt, bis Sie den Befehl wieder aufheben. Denn ist Ihr wedelnder Kamerad noch nicht ganz trocken, können Sie ihn sofort nach der Rückkehr vom Spaziergang in sein Körbchen schicken, ehe er überhaupt die Gelegenheit hatte, den Dreck im ganzen Haus zu verteilen. Richten Sie den Hundeplatz ruhig an der Heizung ein, damit sich ein noch feuchter Vierbeiner schneller wieder aufwärmt; beachten Sie unbedingt: Zugluft ist für einen nassen Hund Gift.
Besonders intelligente Vertreter lernen mit Geduld und Geschick des Hundeführers, sich bereits vor dem Haus auf Befehl zu schütteln oder auf dem Fußabstreifer die Pfoten abzuputzen. Gewöhnen Sie Ihrem Vierbeiner außerdem von vornherein ab, Sie oder andere Menschen anzuspringen, denn ist Ihr Aussie einmal nass, werden Besucher mit hellen Hosen nicht wirklich von einer stürmischen Begrüßung erfreut sein.
Damit Ihre Kleidung nicht zu sehr Schaden leidet, ist ein extra Schlechtwetter-Dress zu empfehlen, das heißt: Tragen Sie lieber ältere und zweckdienliche Kleidung und nicht gerade

Wenn Sie es Ihrem Vierbeiner von vornherein abgewöhnen, an Menschen hochzuspringen, müssen Sie auch niemals für die Reinigung von hellen Hosen aufkommen …

Schicken Sie Ihren Aussie direkt ins Körbchen, wenn er nach dem Spaziergang noch nass ist, so kann er keinen Dreck im Haus verteilen.

die tollsten Neuerwerbungen. Auch eine Regenhose ist praktisch und schützt Ihre Jeans vor Nässe und Schmutz. Gummistiefel dürfen in keinem Hundehaushalt fehlen, so bleiben gute Halbschuhe an Schlechtwettertagen trocken.

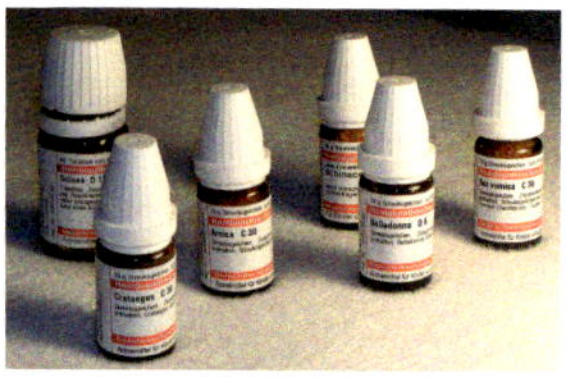

Homöopathische Heilmittel finden auch im Wellnessbereich Anwendung.

Wellness für den Australian Shepherd

Wellness macht nicht nur uns Menschen Spaß. Mit entsprechenden Maßnahmen können Sie auch Ihrem Aussie etwas Gutes tun; sichtlich wird er es genießen, sich einmal so richtig von Ihnen verwöhnen zu lassen.

Bachblüten und Homöopathie

Bestimmte Bachblüten und homöopathische Mittel verhelfen Ihrem Hund zu neuen Kräften. So wirken beispielsweise die Blüten Centaury, Chicory, Clematis und Crap Apple entschlackend und reinigend. Crap Apple hat außerdem eine ausgleichende Wirkung auf den Stoffwechsel und das Immunsystem. Centaury erfrischt und vitalisiert. Olive stellt das innere Gleichgewicht bei Erschöpfung wieder her, Agrimony stärkt und schützt vor Überbelastung. Die Abwehrkräfte Ihres Shepherds werden mit Echinacea-Globuli gestärkt. China und Ignatia haben sich bei Erschöpfungszuständen und Stress bewährt. Gegen Muskelkater und Überanstrengung eignen sich Arnica und Traumeel. Bei Verspannungen kann Magnesium phosphoricum helfen.
Inzwischen gibt es schon fertige Bachblütenmischungen oder homöopathische Präparate im Zoofachhandel zu kaufen. Möchten Sie jedoch tiefer in die Materie einsteigen, lassen Sie sich von einem erfahrenen Therapeuten beraten.

Wellness vom Profi

Viele Hundephysiotherapeuten bieten inzwischen auch Wohlfühlbehandlungen an. Dabei werden häufig verschiedene Techniken miteinander kombiniert. So erhält die Massage Ihres Vierbeiners gleichzeitig eine Untermalung mit angenehmen Düften und entspannender Musik. Beruhigendes Licht darf dabei selbstverständlich ebenfalls nicht fehlen. Neben der herkömmlichen Massage gehören häufig auch Fuß- oder Ohrreflexzonenmassagen zum Behandlungsspektrum. Einige Therapeuten verfügen sogar über eigene Hundeschwimmbäder. Manche Praxen bieten Kurse in Massage, Akupressur und TTouch® für den Eigengebrauch an; außerdem finden Sie im Fachhandel interessante Bücher zum Thema.

Es ist auch möglich, gemeinsam mit seinem Hund einen Urlaub in speziellen Hotels zu buchen.

Schon Welpen genießen die entspannende Wirkung einer Bürstenmassage.

Mit Massage, Akupressur und TTouch® entspannen

Eine wohltuende Massage darf in keinem Verwöhnprogramm fehlen. Sie erfolgt am besten in Bauch- oder Seitenlage des Hundes. Dabei können Sie in einfachen, geraden Linien streicheln oder in Wellen; auch ein Kreisen Ihrer Hand wirkt entspannend. Anschließend wird's punktueller, indem Sie mit Ihren Fingerkuppen leichte, kreisförmige Bewegungen ausführen. Variieren Sie zusätzlich den Druck; massieren Sie jedoch nicht zu kräftig, ihr Hund soll sich schließlich dabei wohlfühlen und keine Schmerzen haben. Besonders belastete Partien wie die Beinmuskulatur werden extra mit den Fingerkuppen bearbeitet. Lockernd wirkt leichtes Kneten und Rollen von Haut und Muskeln. Streichen Sie am Ende einer Massage immer den ganzen Körper des Hundes noch einmal sanft aus. Eine Massage sollte etwa 15 bis 20 Minuten dauern; gewöhnen Sie Ihren Aussie jedoch erst langsam an diese Zeitspanne. Massieren Sie nie, wenn Ihr Vierbeiner eine Infektion hat oder gerade gefressen hat.

Die Akupressur ist eine Abwandlung der Akupunktur. Hier wird ohne Nadeln, nur mit der Berührung und dem Druck der Finger gearbeitet. Dies hat neben dem körperlichen Aspekt auch eine sehr positive, entspannende Wirkung auf die Psyche des Hundes.

Die TTouch®-Methode hingegen besteht aus unterschiedlichen Bewegungen und Handpositionen, die im Uhrzeigersinn auf der Haut des Hundes in verschiedenen Druckstärken ausgeführt werden. Sehr erfolgreich wird der TTouch® bei seelischen Störungen sowie zur allgemeinen Beruhigung, zum Stressabbau und Wiederherstellung des Vertrauens eingesetzt. Auch zur Schmerzlinderung hat sich diese Methode bewährt. Hundeschulen bieten inzwischen zunehmend TTouch®-Seminare an.

Aroma-, Farb- und Musiktherapie für neues Wohlbefinden

Die Aromatherapie fördert die seelische Ausgeglichenheit, aktiviert den Kreislauf und stärkt die Abwehrkräfte. Sie erfrischt und verhilft zu neuer Energie. Die ätherischen Öle werden dabei entweder in einer Duftlampe, einem Kräutersäckchen, einem speziellen Hundehalstuch oder direkt auf dem Liegeplatz Ihres Hundes angewendet, allerdings

Barock- und Meditationsmusik haben eine sehr beruhigende Wirkung auf Vierbeiner.

wohl dosiert und nur, wenn es Ihrem Vierbeiner auch wirklich behagt. Eine Duftlampe sollte mindestens eine Stunde brennen. Da ein Hund sehr empfindliche Schleimhäute hat, dürfen Sie die Öle nie direkt auf ihn träufeln. Stärkend, aufbauend und reinigend für den gesamten Organismus wirken Lavendel, Orange, Zitrone, Geranium, Grapefruit und Muskatellersalbei. Mandarine und Melisse beruhigen und entspannen. Mimose baut zusätzlich seelisch auf. Zimt und Vanille wird eine ausgleichende, beruhigende und entspannende Wirkung nachgesagt. Neroli-Öl harmonisiert.

Hunde wie auch Menschen sprechen sehr gut auf farbiges Licht an. Rot hat sich besonders bei Erschöpfungszuständen und Appetitlosigkeit bewährt. Orange kommt hingegen bei Immunschwäche zum Einsatz. Gelb hilft bei schwachen Nerven und Schockzuständen. Grün wirkt ausgleichend und Blau beruhigend. Violett wird bei Nervosität, Ängstlichkeit, Hysterie und zur Verarbeitung von Traumata eingesetzt.

Auch Musik entspannt Ihren Shepherd; Untersuchungen haben ergeben, dass gerade langsame Barockmusik eine sehr beruhigende Wirkung auf Vierbeiner hat. Ebenso gut geeignet ist Herrchens oder Frauchens Meditations-CD. Wer musikalisch auf Nummer Sicher gehen will, kann inzwischen im Fachhandel spezielle Musik für Hunde erwerben.

Mit beruhigender und leiser Musik im Hintergrund schläft es sich noch viel besser.

Ernährung

Eine artgerechte Ernährung ist schon im Welpenalter sehr wichtig. Sie legt den Grundstein für ein langes, gesundes Hundeleben.

Zum Wohlfühlprogramm Ihres Australian Shepherds und seiner Gesunderhaltung gehört auch eine ausgewogene Ernährung. Füttern Sie nur hochwertiges Futter, das dem Alter, Gesundheitszustand und der Auslastung Ihres Vierbeiners angepasst ist; so benötigen arbeitende Gebrauchshunde beispielsweise energiereicheres Futter als normal beanspruchte Familienhunde. Auch Welpen brauchen eine andere Ernährung als erwachsene Hunde, schließlich sind sie noch in der Entwicklung. Der Fachhandel hält inzwischen für alle Altersklassen und Bedurfnisse spezielles Hundefutter parat. Mit einem qualitativ hochwertigen Fertigfutter gehen Sie also in jedem Fall auf Nummer sicher: Ihr Aussie wird optimal mit allen wichtigen Nährstoffen versorgt. Trotzdem kommt es immer wieder vor, dass ein Australian Shepherd das handelsübliche Futter nicht verträgt. In diesem Fall müssen Sie selbst zum Kochlöffel greifen. Dies ist nicht ganz einfach, denn die richtige Zusammensetzung einer ausgewogenen Ernährung ist fast schon eine Wissenschaft für sich. Im Folgenden finden Sie jedoch einige Tipps für eine abwechslungsreiche und gesunde Hundemahlzeit.

Fleisch und Ballaststoffe in Form von Reis oder Hundeflocken bilden die Basis einer ausgewogenen Hundeernährung. Achten Sie zusätzlich auf eine ausreichende Vitamin- und Mineralstoffversorgung. Diese geschieht am besten in Form von natürlichen Zusätzen wie frischem, unbehandelten Obst, Gemüse, Kräutern, Hüttenkäse oder Naturjoghurt. Bei Obst eignen sich Äpfel sehr gut. Sie sind reich an Vitaminen und Mineralien und wirken durch die enthaltenen Pektine entgiftend. Gemüse ist nicht nur gesund, es fördert mit seinen Ballaststoffen auch die Verdauung. Außerdem beeinflusst es positiv den Säure-Base-Haushalt des Hundes. Ideal sind Möhren; sie enthalten viel Karotin,

Regelmäßige Rippenkontrolle

Überprüfen Sie regelmäßig, ob Ihr Hund nicht zu dick wird. Steht Ihr Aussie vor Ihnen, müssen seine Rippen rechts und links deutlich zu spüren sein.

Schönheit kommt bekanntlich von innen.

Warnung vor Schokolade

Schokolade enthält Theobromin, das für Hund und Katze lebensgefährlich sein kann. Ein paar Riegel dunkle Schokolade können einen kleineren Hund töten.

Selbst gebackene Hundeleckerli

Fischstäbchen

Sie brauchen dafür folgende Zutaten:

1 Dose Thunfisch (im eigenen Saft)
6 EL Haferflocken
2 Eier
2 EL Semmelbrösel
2 EL gehackte Petersilie

Gießen Sie den Saft des Thunfisches ab. Vermischen Sie dann alle Zutaten zu einem homogenen Teig. Formen Sie nun kleine „Stäbchen" und legen Sie diese auf ein mit Backpapier ausgelegtes Backblech. Die Fischstäbchen werden im vorgeheizten Backofen bei 175 °C (mittlere Schiene) ca. 30 Minuten gebacken. Anschließend im Ofen abkühlen lassen. Die Fischstäbchen halten, in einer Frischhaltedose im Kühlschrank aufbewahrt, ca. 2–3 Wochen.

Geben Sie Ihrem Aussie täglich nicht mehr als drei bis vier dieser Leckerlis, denn sie sind sehr gehaltvoll.

die Vorstufe von Vitamin A, außerdem Mineralstoffe und Spurenelemente. Geben Sie zusätzlich immer etwas Öl; dies hilft bei der Verwertung des fettlöslichen Vitamin A. Gekochter Broccoli ist ebenfalls sehr gesund; er wirkt krebsvorbeugend und entgiftend. Spinat, Erbsen, grüne Bohnen und Tomaten runden einen ausgewogenen Speiseplan ab. Kräuter wie Brennnesseln, Basilikum, Petersilie, Löwenzahn und Dill sind nicht nur reich an wichtigen Vitaminen, Mineralien und Spurenelementen, sie haben auch eine heilende Wirkung bei verschiedenen Krankheiten (Beispiele siehe in Kapitel „Gesundheit", „Vorsorge"). In Zeiten extremer Anforderung oder erhöhter Krankheitsanfälligkeit ist eventuell ein zusätzliches Vitaminpräparat nötig; halten Sie sich hier allerdings genau an die vom Tierarzt oder in der Packungsbeilage angegebene Dosierung, denn selbst Vitamine können überdosiert schaden.

Schönheit kommt von innen

Da Schönheit bekanntlich von innen kommt, ist der Speiseplan Ihres Hundes auch für ein glänzendes Fell und eine gesunde Haut verantwortlich. Besonders wichtig sind dabei die Vitamine A und E sowie Zink, außerdem essentielle Fettsäuren wie Omega-3 und Omega-6. Geben Sie ab und zu einen Löffel Maiskeim-, Sonnenblumen-, Distel- oder Pflanzenöl über das Futter, um einem Mangel vorzubeugen, der sich in stumpfem Fell, Schuppen, Haarausfall, Juckreiz, fettiger Haut und Infektanfälligkeit äußert. Hochwertiges Eiweiß ist ebenfalls unverzichtbar, auf rohes Eiweiß reagieren manche Hunde allerdings allergisch. Auch Hefe und Biotin verhelfen zu einer gesunden Haut und glänzendem Fell. Hin und wieder ein rohes, frisches Eigelb ist ebenfalls gut für Haut und Haare, denn es enthält viele Spurenelemente und Vitamine. Die zerriebene Eierschale versorgt Ihren Vierbeiner dagegen mit natürlichem Calcium.

Überschüssige Pfunde reduzieren Sie besser mit einem ausgewogenen, aber kalorienarmen Diätfutter als mit einer Kürzung der normalen Futtermenge.

Achten Sie stets auf saubere Hundenäpfe und täglich frisches Wasser.

EXTRA

Elf goldene Futterregeln

Die Menge macht's

Ein Hund weiß nicht von selbst, wie viel Futter er braucht. Hier gibt es große individuelle Unterschiede: einige Vierbeiner sind schier unersättlich, andere muss man fast erst bitten, überhaupt etwas zu fressen. Bieten Sie Ihrem Australian Shepherd daher auf keinen Fall unbegrenzt Futter an. Bei Fertignahrung richten Sie sich am besten nach den Mengenangaben auf der Futterpackung. Achten Sie darauf, dass der Hund schlank bleibt. Kochen Sie selbst, fragen Sie Ihren Tierarzt nach der angemessenen Portionsgröße für Ihren Hund. Heikle Tiere werden zum besseren Fressen animiert, wenn ihnen das Futter nur eine begrenzte Zeit (ca. 10–15 Min.) zur Verfügung steht.

Feste Zeiten einhalten

Um den Stoffwechsel des Hundes nicht unnötig durcheinanderzubringen, sind feste Fütterungszeiten wichtig. Füttern Sie daher also nicht wahllos, wenn Sie gerade Zeit haben. Ein ausgewachsener Aussie sollte ein-, besser zweimal täglich seine Mahlzeit bekommen.

Vorsicht mit Kaltem

Gerade im Sommer ist es wichtig, frisches Hundefutter im Kühlschrank aufzubewahren, damit es nicht verdirbt. Verfüttern Sie es allerdings nur zimmerwarm. Zu kaltes Futter kann Probleme mit der Verdauung hervorrufen; zudem entfaltet Frisch- und Nassfutter seinen vollen Geschmack erst bei Zimmertemperatur. Muss es doch einmal schnell gehen, erwärmen Sie das Fressen kurz im Kochtopf, Wasserbad oder in der Mikrowelle.

Abwechslung ist Trumpf

Auch unsere Hunde sind Feinschmecker und lieben Abwechslung; die große Auswahl an Fertigfutter macht es Ihnen hier leicht. Bereichern Sie den Speiseplan zusätzlich hin und wieder mit Äpfeln, Karotten, Quark, Hüttenkäse, Nudeln, Reis oder Kräutern. Beachten Sie bei der Fütterung auch das Alter, den Gesundheitszustand und die Auslastung Ihres Shepherds. Inzwischen gibt es für alle Ansprüche speziell zusammengesetzte Nahrung.

Langsame Futterumstellung

Führen Sie Futterumstellungen nur langsam und schrittweise durch, damit sich der Verdauungstrakt Ihres Hundes an die neue Nahrung gewöhnen kann.

Es muss nicht immer Fleisch sein

Wölfe nehmen mit dem Darminhalt ihrer Beutetiere immer auch wichtige pflanzliche Nahrung auf. Daher ist es falsch, anzunehmen, Hunde seien reine Fleischfresser. Für eine ausgewogene Ernährung benötigen sie einen gewissen Anteil an pflanzlicher Nahrung; in Fertigfutter wurde dies bereits bei der Zusammensetzung berücksichtigt. Kochen Sie selbst, mischen Sie das Fleisch am besten mit Nudeln, Reis, Gemüse oder speziellen Hundeflocken.

Betteln ist tabu

Fallen Sie nicht auf den treuen Blick Ihres Vierbeiners rein, Sie tun ihm damit nichts Gutes. Erstens erziehen Sie ihn so erst zum Betteln und zweitens bekommt Ihr Hund auf diese Weise auch schnell mal etwas Süßes, das sehr schädlich für ihn ist. Belohnen Sie ihn nur mit speziellen Hundeleckerlis.

Keine Reste vom Tisch

Füttern Sie Ihren Australian Shepherd nie mit Resten Ihrer eigenen Mahlzeit. Ihr Hund darf hier auf keinen Fall vermenschlicht werden, denn er hat ganz andere Ernährungsansprüche als Sie. Unsere stark gewürzten Speisen führen bei Vierbeinern schnell zu schweren Gesundheitsstörungen. Füttern Sie nur spezielles und ausgewogenes Hundefutter.

Finger weg von Milch

Milch ist auch bei Hunden beliebt. Viele Tiere bekommen davon jedoch Verdauungsstörungen. Daher gilt: Keine Milch, sondern täglich frisches Wasser als Getränk anbieten.

Kein rohes Schweinefleisch

Füttern Sie kein rohes Schweinefleisch, denn dadurch kann sich Ihr Hund mit der lebensbedrohlichen Aujeszkyschen Krankheit infizieren. Die Symptome sind ähnlich wie bei der Tollwut, daher wird die Krankheit auch „Pseudowut“ genannt. Schweinefleisch darf nur gut durchgekocht verfüttert werden; rohes Rindfleisch ist dagegen unbedenklich.

Nach dem Essen sollst du ruhen

Füttern Sie Ihren Australian Shepherd immer erst nach einem Spaziergang. Rennen und Toben mit vollem Magen ist tabu: schnell kommt es zu Verdauungsstörungen bis hin zur lebensgefährlichen Magendrehung.

Ausstellungen

Für alle Rassehundefreunde und die, die es noch werden möchten, sind Hundeausstellungen eine interessante Veranstaltung. Hier sind Informationen aus erster Hand zu bekommen.

Für alle Rassehundefreunde sind Hundeausstellungen eine besonders interessante Plattform. Hier können Sie sich bereits vor dem Kauf eines Vierbeiners genau über eine bestimmte Rasse informieren, denn Sie sehen nicht nur etliche Vertreter live, sondern haben auch die Möglichkeit, mit Haltern und Zuchtvereinen in Kontakt zu treten und auf diese Weise Erfahrungsberichte aus erster Hand zu bekommen. Bei den Ausstellungen selbst geht es um die genaue Überprüfung und Bewertung der Hunde hinsichtlich des vorgeschriebenen Rassestandards und der durch den betreuenden Verein festgelegten Zuchtkriterien. Für einige Hundehalter ist die Teilnahme an einer Ausstellung reiner Spaß; sie möchten solch eine Veranstaltung einfach einmal mitmachen, um nur interessehalber zu hören, wie Ihr Vierbeiner vor einem professionellen Richter abschneidet. Vielleicht hat sie sogar der Züchter ihres Hundes dazu überredet, schließlich ist es für den Züchter selbst wichtig und interessant zu sehen, wo sein Nachwuchs und somit auch seine Zuchtlinie steht. Die meisten Aussteller sind bereits in das Zuchtgeschehen involviert, denn die erfolgreiche Teilnahme an Ausstellungen ist Voraussetzung für eine Zuchtzulassung: Es sind langjährige und zukünftige Züchter, aber auch Deckrüdenbesitzer, die ihre Vierbeiner über die Teilnahme an Ausstellungen bekannter machen möchten.

Auf einer Hundeausstellung herrscht eine ganz besondere Atmosphäre; das Sehen und Gesehenwerden steht in jedem Fall im Vordergrund. Die Einteilung der Hunde erfolgt in verschiedene Klassen, getrennt nach Geschlechtern. Bei der abschließenden Bewertung werden bestimmte Formwertnoten vergeben.

Dabeisein ist alles

Wollen Sie auch einmal mit Ihrem Australian Shepherd im Ring stehen, sei es aus reinem Vergnügen oder weil sie mit ihm züchten möchten, ist ein gutes Sozialverhalten Ihres Hundes natürlich Pflicht, schließlich wird er zunächst in einer Gruppe mit anderen Aussies vorgeführt. Außerdem ist eine ordentliche Leinenführigkeit schon die halbe Miete einer gelungenen Präsentation. Bei der anschließenden Einzelbewertung erfolgt die genaue Begutachtung Ihres Hundes durch den Richter: dieser prüft neben dem Gangwerk das Stockmaß, die genauen Proportionen, Besonderheiten des Standards und die Zähne. Dieses Beurteilungsritual sollten Sie schon vorab üben, damit sich Ihr Shepherd auch von fremden Menschen ins Maul sehen und natürlich überhaupt berühren lässt. Der Umgang und das korrekte Vorführen des Hundes fließen in die Bewertung mit ein; so erkennen die Richter genau, wer mit seinem Vierbeiner das optimale Präsentieren trainiert hat. Nicht selten wird ein Ausstellungsneuling darauf hingewiesen, dass seine Führfehler der Grund für eine schlechtere Bewertung des Hundes sind, im Vierbeiner jedoch mehr Potenzial steckt. Eine gute und umfassende Vorbereitung für eine Zuchtschau bekommen Sie durch ein professionelles Ringtraining, das von manchen Hundevereinen oder auch Züchtern angeboten wird.

Bitte beachten Sie ...

Kranke Vierbeiner sind von Zuchtschauen ausgeschlossen. Vor der Ausstellung müssen Sie die Ahnentafel und den gültigen Impfpass Ihres Australian Shepherds vorlegen.

Für die Teilnahme an einer Zuchtschau sollten Sie sich nicht nur im Vorfeld Zeit nehmen, auch die Ausstellung selbst dauert meist einen ganzen Tag, wobei Sie die meiste Zeit sicherlich mit Warten verbringen. Wie die Hunde selbst das Ausstellungsgeschehen aufnehmen, ist unterschiedlich. Einige Vertreter scheinen Spaß am Präsentieren und Posieren zu haben; bei anderen Gespannen ist der Spaß am Gesehenwerden eher auf den Zweibeiner begrenzt, der Vierbeiner hingegen würde den Tag sicherlich lieber tobend im Freien verbringen. Eine gewisse Nervenstärke muss ein Aussie für eine Ausstellung in jedem Fall mitbringen, damit ihn die Menschen- und Hundeansammlung auf engstem Raum nicht unnötig stressen.

Auf einer Hundeausstellung sehen Sie die ganze Vielfalt einer Rasse.

Üben Sie das richtige Präsentieren Ihres Hundes schon vor der Ausstellung.

So funktioniert's

Rassen- und Klasseneinteilung

Der Australian Shepherd wurde von der FCI (Féderation Cynologique Internationale) in die Gruppe 1, Hüte- und Treibhunde (ausgenommen Schweizer Sennenhunde), Sektion: Schäferhunde ohne Arbeitsprüfung eingeteilt.
Als Startklassen gibt es:

- *Jüngstenklasse (6–9 Monate)*
- *Jugendklasse (9–18 Monate)*
- *Zwischenklasse (15–24 Monate)*
- *Offene Klasse (ab 15 Monate)*
- *Veteranenklasse (ab 8 Jahre)*
- *Gebrauchshundklasse (ab 15 Monate mit Arbeitsprüfung)*
- *Championklasse (ab 15 Monate für Champions und Gewinner bestimmter Titel)*
- *Ehrenklasse (startberechtigt nur mit dem FCI-Titel „Internationaler Schönheitschampion")*

Formwertnoten

- Vorzüglich (V)
- Sehr gut (SG)
- Gut (G)
- Genügend (Ggd)
- Disqualifiziert (Disq)

Die vier besten Hunde einer Klasse werden platziert, sofern sie mindestens die Formwertnote „Sehr gut" erhalten haben.

Schon die Jüngsten dürfen bei einer Ausstellung teilnehmen und auf eine gute Bewertung hoffen.

Beurteilungen in der Jüngstenklasse

- vielversprechend (vv)
- versprechend (v)
- wenig versprechend (wv)

Weitere Wettbewerbe

Zuchtgruppe Sie besteht aus mindestens drei Hunden einer Rasse aus demselben Zwinger; die Hunde müssen am Tag der Ausstellung in der Einzelbewertung mindestens den Formwert „Gut" bekommen haben.

Paarklasse Sie besteht aus jeweils einem Rüden und einer Hündin, die Eigentum eines Ausstellers sein müssen

Juniorhandling Dies ist ein Vorführwettbewerb für Jugendliche, der als Vorbereitung gedacht ist, Hunde auch später im Ausstellungsring zu präsentieren

Veteranen-Wettbewerb Hier können Hunde ab dem 8. Lebensjahr starten; es wird nach den Vorgaben des Standards besonders die Gesamtkonstitution, der Pflegezustand des Vierbeiners sowie die im Ring gezeigte Kondition beurteilt.

Eine Zuchtgruppe besteht aus drei und mehr Aussies aus demselben Zwinger, die alle am Tag der Ausstellung in der Einzelwertung mindestens den Formwert „gut" bekommen haben.

Begleiter in Freizeit und Alltag

„Gucken auch alle, wie toll ich das mache?".

Für ein soziales Tier wie einen Hund ist Dabeisein alles. Daher gibt es für ihn nichts Schöneres, als seine Leute so oft wie möglich zu begleiten. Mit einem wohlerzogenen Australian Shepherd können Sie sich eigentlich überall sehen lassen; ein gewisser Grundgehorsam und eine gute Sozialisation des Vierbeiners sind also schon die halbe Miete für entspannte Freizeitaktivitäten und einen abwechslungsreichen Alltag zu zweit.

Hundesport

Nur mit einer angemessenen Auslastung kann Ihr Shepherd seine positiven Eigenschaften voll und ganz entfalten. Eine Mög-

Begleithundeprüfung (BH)

Voraussetzung für die Ausübung einiger Sportarten (z.B. Agility, Fährtenhund) ist eine bestandenen Begleithundeprüfung. Das Mindestalter der wedelnden Prüflinge liegt bei 15 Monaten. Der Vierbeiner muss auf dem Hundeplatz verschiedene Unterordnungsübungen absolvieren; außerdem gilt es außerhalb des Platzes einen Verkehrsteil zu bestehen, der das sichere und freundliche Verhalten des Hundes gegenüber anderen Verkehrsteilnehmern und Artgenossen überprüft. Für den Hundeführer gibt es zuvor noch einen theoretischen Test.

Der Slalomlauf ist ein beliebtes Element aus dem Turnierhundesport.

lichkeit den temperamentvollen Vierbeiner zu fordern, ist Hundesport. Auf vielen Hundeplätzen werden inzwischen ganz unterschiedliche Sportarten angeboten. Auch im Wettkampfsport soll für alle Beteiligten stets der Spaß im Vordergrund stehen; die intensive Beschäftigung miteinander schweißen Herr und Hund schnell zu einem unzertrennlichen Dream-Team zusammen. Im Folgenden stellen wir Ihnen einige Sportarten vor, die gut für einen Australian Shepherd geeignet sind.

Agility

Agility ist mehr als nur ein schneller Sport, es festigt und vertieft die Beziehung zwischen Zwei- und Vierbeinern. Ein professioneller Parcours besteht aus 15 bis 20 Hindernissen und hat eine Länge zwischen 100 und 200 m. Bei einem Turnier sollten mindestens sieben Sprünge vorhanden sein, zusätzlich existieren das Viadukt, die Mauer und der Reifen. Diese verlangen sowohl hohe Sprungkraft als auch genaues Taxieren. Ein Sprung durch die Rahmenaufhängung des Reifens gilt innerhalb eines Wettbewerbs als Verweigerung. Auch der Weitsprung fordert im Turnier Schnelligkeit und Konzentration vom Hund. Weitere Standardgeräte sind fester Tunnel und Sacktunnel. Für Kontaktzonengeräte wie die A-Wand, den Laufsteg und die Wippe besagt das Reglement, dass der Hund bei einem fehlerfreien Auf- und Abstieg mindestens eine Pfote im farblich markierten Bereich aufsetzen muss. Slalom und Tisch dürfen ebenfalls nicht fehlen. Auf dem Tisch soll der Vierbeiner für fünf Sekunden eine beliebige Position wie Sitz, Platz oder Steh einnehmen. Im Turnier bedeutet der Tisch eine Ruhephase, denn der Aktionsfluss wird kurzzeitig unterbrochen. Der Tisch wird heute allerdings nur noch selten gestellt. Die Bewertung erfolgt am Ende je nach Zeit, eventuellem Abwurf oder Verweigerung.

Turnierhundesport

Der THS bietet für jeden etwas, denn hier gibt es auch je nach Alter des Hundeführers unterschiedliche Startklassen. Mensch und Hund bilden als gleichgestellte Partner ein Team; in die Endnote fließen also nicht nur die Leistungen des Vierbeiners, sondern auch die des Zweibeiners mit ein. Innerhalb des Turnierhundesports gibt es verschiedene, abwechslungsreiche Wettbewerbsformen wie Hindernislauf-Turniere, Vierkampf (Gehorsam, Hürden-, Slalom und Hindernislauf), Geländelauf (2000 m/5000 m), Combination Speed Cup („CSC"; Mannschaftswettkampf, in dem drei Mannschaftsmitglieder in einem in drei Sektionen eingeteilten Parcours als Staffel laufen), Shorty (Kurz-Bahn-„CSC" für Zweier-Mannschaften mit zwei Geräte-Sektionen) und Qualifikations-Speed-Cup („QSC"; Wettkampf nach dem K.-o.-System auf zwei baugleichen Parcours).

Beim Obedience ist Köpfchen gefragt. Die Übungen muss der Hund möglichst perfekt und freudig ausführen.

Trickdogging

Immer mehr Hundeschulen bieten Kurse oder Workshops in Trickdogging an. Dabei werden Gehorsamkeitsübungen mit Spaßlektionen verbunden. Die vierbeinigen Schüler lernen kleine Kunststückchen und Spiele, die der Hundeführer auf Spaziergängen oder bei schlechtem Wetter im Haus ganz einfach „abfragen" kann. Hier ist also Kopfarbeit gefragt. Im Mittelpunkt steht immer der Spaß und nicht die perfekte Leistung. Die Palette der Übungen ist groß: winken, verbeugen, „give me five", das schnurlose Telefon bringen oder ein Taschentuch aus der Hose ziehen sind nur einige wenige Beispiele. Da dieses Training individuell auf jeden einzelnen Vierbeiner zugeschnitten werden kann, ist es auch gut für ältere Australian Shepherds, Hunde mit Handicap oder ängstliche Hunde geeignet.

Die beim Trickdogging gelernten Kunststückchen und Spiele lassen sich wunderbar zwischendurch zu Hause oder auf dem Spaziergang einbauen.

Fährtenarbeit

Bei der Fährtenarbeit lernt ein Hund, einer Spur in natürlichem Gelände zu folgen. Die Einweisung des Vierbeiners erfolgt am Anfang, dem sogenannten Ansatz der Fährte, mit dem Kommando „Such". Der Führer ist mit einer 10-m-Leine mit dem Hund verbunden. Der Vierbeiner trägt bei dieser Arbeit ein spezielles Geschirr. Je nach Schwierigkeitsgrad sind in die zu verfolgende Spur spitze und stumpfe Winkel sowie kreuzende Fremdfährten (Verleitungen) eingebaut. Findet der Hund unterwegs Gegenstände von seinem Herrn, muss er diese beispielsweise durch Ablegen anzeigen (verweisen). Der Führer zeigt dem Richter den Gegenstand und setzt den Hund erneut auf der Fährte an. Am Ende der Spur winkt der bellenden Supernase eine tolle Belohnung.

Obedience

Obedience ist ein Gehorsamstraining, das ausschließlich über die Futter- bzw. Beutemotiva-

Bitte beachten Sie ...

Nicht jeder Hund ist für jede Sportart zu begeistern; suchen Sie die Beschäftigung mit Ihrem Aussie nach seiner individuellen Vorliebe, seinem Gesundheitszustand und seiner allgemeinen Fitness aus. Nehmen Sie auch Wettkampfsport nicht allzu ernst: Drill und übertriebener Ehrgeiz haben hier nichts zu suchen; der Spaß soll bei diesem Teamwork immer an erster Stelle stehen. Betrachten Sie Trainer ebenfalls unter diesem Gesichtspunkt: Nehmen Sie Abstand von strengen, autoritären Unterrichtsmethoden; humorvolle Motivationen sind das A und O einer optimalen Vertrauensbeziehung zwischen Ihnen und Ihrem Australian Shepherd. Nur so macht Ihrem Vierbeiner die Zusammenarbeit mit Ihnen Spaß und nur so ist sie Erfolg versprechend.

Hundesportplätze und -vereine in Ihrer Nähe finden Sie über das Internet. Auch Tierschutzvereine, Tierärzte, Zoogeschäfte oder andere Hundebesitzer in Ihrer Umgebung sind geeignete Ansprechpartner auf der Suche nach einer passenden Trainingsmöglichkeit. Bevor Sie sich endgültig für einen Hundeplatz entscheiden, ist ein mehrmaliges Zuschauen vorab sowie Gespräche mit Trainern und Teilnehmern empfehlenswert. Haben Sie die Möglichkeit, sehen Sie sich am besten gleich mehrere Übungsplätze näher an. Wichtig ist, dass die Kursleiter individuell auf jede Hundepersönlichkeit eingehen.

tion oder mittels Clicker aufgebaut wird. Hier sind Einfühlungsvermögen und Geduld gefragt; der Hund muss viel Kopfarbeit leisten. In der Bewertung zählen die perfekte und schnelle sowie freudige Ausführung durch den Vierbeiner. Obedience beinhaltet Übungen wie „Sitz", „Platz", „Steh", „Bleib", Bei-Fuß-Laufen und Apportieren. Einige Lektionen müssen auf Distanz gezeigt werden, beispielsweise das Vorausschicken über eine Hürde und das anschließende Bringen eines Apportierholzes mit erneutem Hindernissprung. Obedience ist Perfektion und Spaß zugleich; es stellt jedoch sehr hohe Ansprüche an Hund und Führer; bei der Ausbildung ist viel Fantasie für die richtige Motivation des Vierbeiners gefordert.

Dogdancing

Dies ist eine Sportart, die den Hund körperlich, aber auch und vor allem geistig fordert. Der Hundeführer entwickelt zusammen mit seinem vierbeinigen „Tanzpartner" eine Choreographie, die auf einer perfekten Fußarbeit basieren soll. Zusätzlich führt der Hund diverse Tricks vor. Die gesamte Darbietung muss möglichst synchron zu einer begleitenden Musik ausgeführt werden. Bei der Zusammenstellung einer Dogdancing-Choreographie sind viel Kreativität und Fantasie gefragt. Für die Einstudierung sind Geduld, Humor und eine gute Motivation des Hundes nötig. Eine Vorführung, die nicht nur paarweise, sondern auch in Gruppen-Formationen geschehen kann, soll freudig und voller Harmonie sein.

Flyball

Flyball ist ein Mannschaftssport, der vom Hund Schnelligkeit, Springfreude und Apportiergeschick erfordert. Zwei Mannschaften mit je vier bis sechs Hunden treten in einem Staffellauf gegeneinander an. Jeder Hund muss vier hintereinander aufgestellte Hindernisse überspringen, um zur sogenannten „Flyballbox" zu kommen. Hier löst der Hund mit seiner Pfote einen Hebel aus, der dem Vierbeiner einen Ball zuwirft, den dieser wiederum fangen muss. Anschließend geht es erneut über die Hindernisse zurück zum Start bzw. Ziel; nach Ankunft eines Hundes startet dort sofort der nächste Vierbeiner. Unterläuft einem Hund ein Fehler, muss er den Durchgang noch einmal wiederholen. Die Mannschaftszeit wird gestoppt, wenn alle zugehörigen Hunde den Parcours fehlerfrei absolviert haben. Die schnellste Mannschaft gewinnt. Viel Spaß und Teamarbeit stehen bei dieser Sportart an oberster Stelle.

Sportbegleiter Aussie

Unterwegs mit dem Fahrrad

Sportliche Menschen können Ihren Sport ohne weiteres mit der Anwesenheit Ihres Hundes verbinden. Vierbeinige Bewegungsfetischisten wie der Australian Shepherd freuen sich über eine Fahrradtour genauso wie Herrchen und Frauchen, die sich in ihrer Freizeit körperlich fit halten wollen. Grundvoraussetzung für die ungefährliche Mitnahme eines Hundes am Rad ist natürlich ein gewisser Gehorsam: das sichere Herkommen auf Zuruf, gute Leinenführigkeit und einwandfreies Bei-Fuß-Gehen sind ein absolutes Muss für einen ungefährlichen Radausflug mit Ihrem Aussie. Führen Sie einen ungeübten Hund langsam an das Laufen neben dem Fahrrad heran, denn auch er muss erst allmählich seine Kondition aufbauen. Bremsen Sie einen zu überschwänglichen Vierbeiner unbedingt ein, er könnte sich leicht selbst überschätzen, schließlich ist eine Radtour für den Hund deutlich anstrengender als für den Radler. Meiden Sie außerdem große Hitze. Halten Sie Ihren rennenden Kameraden vom Fahrrad aus an der Leine, wickeln Sie die Leine aus Sicherheitsgründen nie um den Lenker, sondern nehmen Sie diese so in die Hand, dass Sie im Notfall schnell loslassen können. Eine Alternative besteht im Springerbügel: Hier

Tipp!

Ausdauersportarten, bei denen der Hund länger läuft, sind nur für absolut gesunde, normalgewichtige und nicht zu alte Hunde geeignet. Auch junge Vierbeiner müssen mit Rücksicht auf ihren noch instabilen, weichen Bewegungsapparat geschont werden: Gewöhnen Sie Ihren bellenden Begleiter erst ab einem Alter von etwa 1,5 Jahren langsam an längere Strecken. Wärmen Sie Ihren Hund vor jeder sportlichen Aktivität gut auf, um Schäden am Skelett vorzubeugen.

Damit die Fahrradtour nicht in einem schmerzhaften Disaster endet, muss der vierbeinige Begleiter absolut folgsam sein.

Auch beim Joggen, Walken und Nordic Walking ist der Aussie mit Begeisterung dabei.

Tipp!

Erste Hilfe bei Muskelkater: vorbeugend gleich nach der Anstrengung 1 Tablette Rhus toxicodendron D30 oder im Akutfall 2 x tgl. 1 Tablette.

haben Sie die Hände frei und am Lenker, während Ihr Shepherd mit einem Kurzführer an einem gefederten Halter am Rad befestigt ist; eine Sicherheitsvorrichtung sorgt dafür, dass sich die Leine samt Hund im Notfall vom Rad löst und Sie so nicht gefährdet. Sie als Radler sollten bei einer Fahrradtour immer einen geeigneten Helm tragen.

Viel Spaß am laufenden Band

Die Renner unter den Outdoorsportarten sind nach wie vor **Joggen, Walken** und **Nordic Walking**. Wie immer gilt für Mensch und Hund: geteiltes Vergnügen ist doppelte Freude. Vergessen Sie selbst bei gut folgenden Hunden nie, eine Leine für den Notfall mitzunehmen. Leinen Sie jagdbegeisterte Vierbeiner im Wald mit Rücksicht auf Wildtiere an.

Keinen Sport mit vollem Bauch

Wegen der Gefahr einer Magendrehung darf ein Hund grundsätzlich vor sportlichen Aktivitäten nichts zu fressen bekommen. Füttern Sie ihn auch nicht unmittelbar danach, sondern erst nach einer ca. 20-minütige Erholungspause: eine große, gierig verschlungene Portion kann zusätzlich Kreislauf belastend sein und schwer im Magen liegen.

Damit der Jogger die Hände frei hat, hält der Fachhandel inzwischen spezielle Jogging-Leinen und -Gürtel bereit; in Letzteren wird die Leine einfach eingehängt. Natürlich muss Ihr Shepherd so gut erzogen sein, dass er nicht ungestüm an der Leine zieht.
Planen Sie eine größere Runde mit Pause, vergessen Sie etwas Wasser für Ihren Vierbeiner nicht. Lassen Sie ihn allerdings nicht zu viel davon trinken, damit er durch das Rennen mit vollem Bauch keine Magendrehung bekommt.

Inlineskaten mit dem Aussie

Nicht weniger sportlich geht's beim Inlineskaten zu. Damit dieser schnelle Sport mit Ihrem Shepherd jedoch nicht gefährlich wird, sollten Sie sich erst gemeinsam auf die „Piste" wagen, wenn Sie ein wirklich sicherer Skater sind und Ihr Vierbeiner absolut zuverlässig gehorcht. Außerdem ist diese Sportart nur für gut trainierte Hunde geeignet, da der Skater sehr schnell ein relativ hohes Tempo erreicht, dem der Vierbeiner dann standhalten muss. Respektieren Sie unbedingt die Grenzen Ihres Aussies; ein Sprint zwischendurch ist erlaubt, aber fahren Sie nicht ständig am (Tempo-) Limit.
Neben einer speziellen Skaterausrüstung für den Zweibeiner, ist für den Hund, zumindest für den Notfall, eine Leine sowie ein Geschirr empfehlenswert.

Wanderungen haben zwar ein ruhigeres Tempo, dafür ist hierbei jedoch Ausdauer gefragt.

Aussies halten sich gerne draußen auf, daher lieben sie auch jede sportliche Betätigung im Freien.

Tipp!

Nehmen Sie als Hundebesitzer auf Spaziergängen Rücksicht auf andere Jogger und Radfahrer: rufen Sie Ihren Australian Shepherd ab und lassen Sie ihn kurz bei Fuß gehen, bis Jogger oder Radler vorüber sind. Dies ist zugleich ein gutes Erziehungstraining.

Probier's mal mit Gemütlichkeit

Sind Sie kein Freund von flotten Sportarten, probieren Sie es mal mit einer ruhigeren Wanderung. Da jedoch auch hier von Zwei- und Vierbeinern Ausdauer gefragt ist, müssen Sie das Training hier wieder erst langsam aufbauen. Packen Sie für längere Touren neben einer eigenen Brotzeit auch Trinkwasser und, je nach Dauer, eine kleine Futterration sowie einen Napf für Ihren Shepherd ein. Vergessen Sie außerdem ein Erste-Hilfe-Notfallset nicht. Längere Bergtouren bedürfen einer größeren Vorbereitung; sicheres Kartenlesen ist dabei schon eine wichtige Grundvoraussetzung. Klären Sie bei Mehrtagestouren unbedingt

Nützlicher Freund und Helfer

Da sich ein Aussie sehr gerne für Sie nützlich macht, können Sie ihn auch gut an das Tragen von Packtaschen gewöhnen. Machen Sie ihn allerdings langsam damit vertraut: Lassen Sie ihn zunächst nur daran schnuppern, legen Sie anschließend die leeren Taschen vorsichtig über seinen Rücken. Loben Sie ausgiebig, wenn er ruhig bleibt und schimpfen Sie nicht, wenn er sich noch dagegen sträubt.Schließen Sie den Gurt sobald der Vierbeiner gelassen bleibt; beladen Sie die Taschen aber erst (und bitte maßvoll!), wenn Ihr Hund die leeren „Säckchen" anstandslos auf seinem Rücken akzeptiert. Ist dies der Fall, trägt Ihr vierbeiniger Gehilfe bald auf Wanderungen stolz wie Oskar diverse Utensilien wie Proviant, einen kleinen Schirm, eine Leine oder eine eingepackte Regenjacke.

***Aber:** Nicht alle Hunde gewöhnen sich an Packtaschen; zwingen Sie Ihren Vierbeiner nicht dazu, sondern akzeptieren Sie auch eine eventuelle dauerhafte Abneigung.*

Hunde, egal welchen Alters, die nicht spielen dürfen, können seelisch und auch körperlich verkümmern. Spielen muss einfach sein …

vorab, ob Ihr Vierbeiner auch in Hütten übernachten darf.

Rund ums Spielen

Warum Spielen so wichtig ist

Alle jungen Tiere spielen gerne, denn Spielen macht Spaß, aber nicht nur das: im Spiel lernt ein Vierbeiner fürs Leben und zwar sein Leben lang. Schon Welpen lernen spielerisch ihre Umwelt kennen, lernen aus guten und schlechten Erfahrungen; aber auch die Rangordnung innerhalb des Hunderudels und später innerhalb der Familie wird spielerisch ausgetestet. Das Spiel mit Artgenossen legt für Welpen den Grundstein zu einem normal entwickelten, ausgeglichenen Sozialverhalten. Spielen ist aber nicht nur für junge Hunde wichtig; im Grunde kann ein Vierbeiner bis ins hohe Alter spielerisch lernen. Erwachsene Hunde testen untereinander ebenfalls immer wieder im Spiel ihre Rangordnung aus. Sehr selbstbewusste Tiere versuchen oft innerhalb ihrer Familie durch schelmische Tricks ihre Grenzen und ihren Stand in der Familie auszuloten. Lassen Sie sich nicht einwickeln, sonst haben Sie schnell verspielt. Auch veränderte Lebensbedingungen oder unbekannte Gegenstände werden noch von erwachsenen Hunden spielerisch erforscht. Häufiges Spielen schult außerdem das Gehirn des Vierbeiners. So belegen Studien, dass Hunde, die in ihrer Welpenzeit kaum Eindrücke sammeln konnten, ihr Leben lang weniger aufnahmefähig sind als Artgenossen, die zwar von den Erbanlagen her nicht so intelligent sind, dafür aber mehr gefördert wurden. Vierbeiner, denen mehr geboten wird, können sich auch nachweislich besser konzentrieren.

Junge Hunde erfahren durch ausgelassenes Toben nach Erziehungseinheiten eine tolle Belohnung; sie dürfen nun ihren, durch die Anspannung des Lernens aufgestauten Energien so richtig freien Lauf lassen und entspannen sich somit wieder. Gehen Sie die Erziehung Ihres Aussies spielerisch an, wirkt dies sehr motivierend auf den Vierbeiner, denn der Spaß kommt dabei nie zu kurz; außerdem entwickelt sich ein intensives Vertrauensverhältnis zwischen Ihnen und Ihrem Hund; regelmäßige Spielstunden schweißen Sie und Ihren Shepherd zu einem richtigen Dream-Team zusammen. Auf diese Weise bleibt Ihr wedelnder Kamerad auch im Alter lange körperlich und geistig fit. Schüchterne Vertreter gelangen durch einfache Spiele, die Erfolge bringen, zu einem neuen, gestärkten Selbstbewusstsein. Spielen ist für Hunde jeden Alters also in den unterschiedlichsten Bereichen wie ein Lebenselixier, ohne das sie auf Dauer physisch und psychisch verkümmern würden.

Lustige Hundespiele

Kreative Hürden Australian Shepherds haben großen Spaß am Überspringen von Hürden. Hierfür eignet sich gut ein Besenstiel, der auf zwei auseinander gestellte Gartenstühle oder auf umgedrehte Obstkisten gelegt wird. Aus Schutz vor Verletzungen sollte die „Stange" bei einer Berührung leicht herunterfallen. Für größere Gärten ist eine alte Blech- oder Plastiktonne, die aber unbedingt gegen Wegrollen fixiert sein muss, ein interessantes Hindernis, außerdem ein fest aufgestellter, ausrangierter LKW-Reifen, der zum Durchspringen einlädt.

Unter Mithilfe einer weiteren Person, kann Ihr Shepherd außerdem lernen, über Ihren Rücken zu springen. Knien Sie sich zunächst auf den Boden und stützen Sie sich im 90° Winkel mit beiden Händen vorne ab, sodass Ihr Rücken eine Art Brücke bildet. Nun lockt die zweite Person den Hund mit einem Leckerli und dem Befehl „Hopp" über Ihren Rücken. Hat Ihr intelligenter Vierbeiner erst einmal das Spiel begriffen, genügt nur noch das Kommando „Hopp" und er wird über die ihm angebotene „Hürde" springen.

Mit Ihren Armen können Sie einen „Reif" bilden, durch den Ihr Aussie ebenfalls gerne springt. Möchten Sie einmal eine Dogdancing-Choreographie für den Hausgebrauch kreie-

Aussies springen gerne, auch aufs Sofa ...

Zehn Spielregeln für Sie und Ihren Australian Shepherd

Spielen macht Spaß, allerdings nur, wenn sich alle Mitspieler an bestimmte Regeln halten. Im Zusammenspiel mit Ihrem Aussie bleiben Sie jedoch immer der Chef, der auch dafür sorgt, dass Ihr cleverer Vierbeiner nicht still und heimlich Ihre Autorität untergräbt.

- *Sie bestimmen Zeitpunkt und Ort.*
- *Sie legen das Spielende fest.*
- *Sie sind der Spielzeug-Verwalter.*
- *Kein Tauziehen mit dominanten Rambos.*
- *Nach dem Füttern herrscht Spielverbot (Magendrehung).*
- *Lassen Sie Ihren Hund während des Spiels keine großen Mengen trinken (Magendrehung).*
- *Nicht in der größten Mittagshitze spielen.*
- *Achten Sie auf ausreichende Ruhephasen.*
- *Belohnen Sie nicht nur mit Leckerli, sondern auch mit Stimme, Streicheln und Spielzeug.*
- *Hören Sie auf, wenn's am schönsten ist!*

Das Apportierholz kann auch gegen Alltagsgegenstände wie Zeitung, Pantoffel oder eine kleine Gießkanne ausgetauscht werden.

Der Australian Shepherd ist für jeden Spaß zu haben, auch für Kunststückchen.

ren, bauen Sie die letztgenannten Sprungelemente mit ein.

Apportierspiele Jeder Shepherd, der das Kommando „Apport" beherrscht, hat sichtlich Spaß daran, seinen Leuten im Alltag Dinge zu transportieren. Als eingespieltes Team können Sie Ihrem Vierbeiner in Zukunft eine tragende Rolle auf Spaziergängen und kleinen Einkaufstouren zukommen lassen. Sichtlich stolz wird Ihr haariger Helfer beim ersten Morgenspaziergang die Tageszeitung vom Kiosk nach Hause bringen oder einen kleinen Henkelkorb mit frischen Brötchen. Unternehmen Sie an trüben Tagen einen Spaziergang, vergessen Sie den Regenschirm nicht, den Sie von nun an auch nicht mehr selber tragen müssen. Wichtig ist, den Hund während des Apportierens kräftig zu loben. Um seinen Spaß an der Arbeit zu fördern und sein Selbstvertrauen zu stärken,

„Ich packe meinen Koffer …"

Kennt Ihr Aussie erst einmal die Bezeichnungen unterschiedlicher Gegenstände, können Sie ihn in Zukunft sogar vor einer Reise für das Kofferpacken einspannen. Nicht nur, dass er Ihnen dabei behilflich ist, auch der eigene Koffer mit allem hündischen Zubehör wird ab jetzt selbst gepackt. Ist Ihr fleißiger Kamerad selbst groß genug, kann ein kleiner Kinderkoffer verwendet werden, den er dann natürlich auch selbst tragen darf.

Wichtige Auflockerung

Da sich Ihr Australian Shepherd beim Erlernen von Kunststückchen sehr konzentrieren muss, üben Sie immer nur in kurzen Sequenzen. Schließen Sie stets mit einem Erfolgserlebnis ab und lockern Sie die einzelnen Lernschritte durch Pausen auf. Auch ein zwischenzeitliches Toben im Garten macht den Kopf wieder frei für die Aufnahme neuer „Befehle".

Es muss nicht immer gekauftes Spielzeug sein. Für das Hundeglück reicht auch ein leerer Pizzakarton als Wurfscheibe, vor allem wenn dieser am Schluss zerfetzt werden darf.

geben Sie ihm bei all diesen Aufgaben stets das Gefühl sehr wichtig zu sein. Hat er eine Aufgabe erfolgreich beendet, dürfen natürlich ausgiebiges Loben und ein Leckerli nicht fehlen.

Vierbeiniger Haushaltshelfer Spannen Sie Ihren Aussie auch mal im Haushalt als Träger ein: Haben Sie auf dem Weg in die Waschküche einen Socken verloren, erspart Ihnen ein schlappohriger Gentleman lästiges Bücken.

Etwas schwieriger ist das Bringen bestimmter Gegenstände auf Kommando. Hierfür muss Ihr Shepherd zusätzlich die Bezeichnung der einzelnen Dinge lernen. Zeigen Sie Ihrem Vierbeiner zunächst höchstens zwei verschiedene Gegenstände und verwenden Sie dabei immer denselben Namen und dasselbe Kommando, z.B. „Pantoffel, Apport". Nimmt er den entsprechenden Gegenstand auf, wird ausgiebig gelobt. Vertut er sich, schimpfen Sie nicht, sondern nehmen Sie ihm mit einem ruhigen „Nein" das falsche Objekt ab und zeigen Sie ihm unter Betonung der richtigen Bezeichnung den gewünschten Gegenstand. Nimmt er nun das richtige Objekt auf, wieder

Die Schnüffelbox ist nicht nur was für gute Riecher, sie darf auch nach Herzenslust zerfetzt werden.

überschwänglich loben und freuen. Klappt die Unterscheidung aus der Nähe, entfernen Sie sich allmählich immer weiter und schicken Sie Ihren bellenden Schüler aus der Distanz zu den jeweiligen Dingen. Nach und nach wird das Erlernte perfektioniert und Ihr Aussie holt Ihnen schließlich Ihre Pantoffeln aus dem Schuhregal und die Zeitung vom Couchtisch.
Im Garten bringt Ihnen ein Shepherd gern eine kleine Gießkanne oder die Gartenhandschuhe. Selbst im Wasser sind Aussies freudige Apporteure.

Bitte beachten Sie ...

Nicht alle Hunde sind für jedes Spiel zu begeistern. Stellen Sie fest, dass Ihr Shepherd keinen Spaß an einem Spiel hat, wechseln Sie lieber zu einem anderen über. Diese Spiele sollen für beide Seiten eine lustige Abwechslung im Herr-Hund-Alltag sein und nicht in Drill und Frust ausarten.

Für gute Riecher Australian Shepherds sind wahre Supernasen, die sich für Schnüffelspiele absolut begeistern. Verstecken Sie Ihrem Vierbeiner doch mal ein Stück Pansen in einer speziellen Schnüffelbox.
Wickeln Sie hierfür den Pansen in zerknülltes Zeitungspapier; dieses geben Sie nun samt duftendem Inhalt locker in eine Pappschachtel, deren Deckel bereits mit einigen Duftlöchern versehen ist. Jetzt heißt es für Ihren Hund: „Auf die Plätze, fertig, los!“ Feuern Sie ihn mit dem Kommando „Such“ und eigener Begeisterung an, sein Leckerli zu finden. Selbstverständlich dürfen dabei auch die Fetzen fliegen. Fortgeschrittene Vierbeiner können nach bestimmten Gegenständen suchen, die nach Ihnen riechen, wie beispielsweise Geldbeutel, Handschuh oder Schlüsselbund. Nehmen Sie auf einem Spaziergang unbemerkt vom Hund einen Tannenzapfen auf, reiben Sie ihn in Ihren Händen, werfen Sie ihn wieder weg und schicken Sie Ihre Supernase

Gefährliches Hundespielzeug!

- *Alle spitzen und scharfkantigen Gegenstände sind als Hundespielzeug absolut ungeeignet; dies gilt auch für Spielzeug, in dem spitze Teile wie Nägel oder Drähte eingearbeitet sind.*
- *Gefährlich für Hunde ist Kinderspielzeug wie Legobausteine oder Stofftiere mit Glasaugen oder Knöpfen, die schnell abgerissen und gefressen sind.*
- *Ebenfalls absolut tabu sind Schnüre, dünne Nylonstrümpfe, Plastikbecher oder Luftballons.*
- *Zu schweren Verletzungen können Materialien führen, die leicht splittern oder zerbrechen, wie bestimmte Holzarten, Glas, Keramik oder manche Kunststoffteile.*
- *Verboten sind Äste von giftigen Sträuchern sowie lackierte Dinge.*

Bei all diesen Dingen drohen dem Hund nicht nur schwere Verletzungen im Maul, sondern auch im Magen-Darm-Trakt. Im schlimmsten Fall kann Ihr Vierbeiner ersticken oder einen Darmverschluss bekommen.

auf Streife. Loben sie eifrig, wenn er die richtige Richtung einschlägt. Hat er den Zapfen gefunden und nimmt er ihn auf, belohnen Sie ihn ausgiebig. Am Ende winkt natürlich ein Leckerli. Eine Abwandlung des Spiels besteht darin, dass Ihr Aussie aus einem ganzen Haufen von Tannenzapfen den herausfinden soll, den Sie vorher in der Hand hatten.

Selbst gemachtes Hundespielzeug

Jute- oder Lederspielzeug lässt sich leicht selber herstellen: nehmen Sie hierfür einen alten Jutesack, füllen sie ihn mit etwas Holzwolle und binden Sie ihn mit einem Baumwollstrick fest zu. Lederreste ergeben zusammengenäht und ausgestopft ebenfalls ein interessantes Apportel. Ein ausrangiertes T-Shirt, ein abgetrenntes Jeansbein, ein ausgedienter Strumpf oder ein altes Handtuch sind, allesamt mit einem großen Knoten versehen, tolle Schleuderspielzeuge. Leere Pizzakartons ergeben lustige Frisbee®-Scheiben für den Hausgebrauch; Ihr Hund darf diese Flugobjekte am Ende sogar nach Herzenslust zerfetzen.

Der gemeinsame Alltag

Auch im Alltag ist ein wohlerzogener Australian Shepherd ein toller Begleiter. Besuchen Sie beispielsweise Freunde, freuen sich diese sicherlich über einen schwanzwedelnden Gute-Laune-Macher, der Stimmung und Schwung in die Bude bringt. Der gemeinsame Gang in ein Restaurant sowie das brave unter dem Tisch Liegen versteht sich für einen vierbeinigen Gentleman von selbst. Mit einem vorbildlichen Hund sind Sie ein gern gesehener Gast, der fast schon negativ auffällt, wenn er einmal ohne seinen schlappohrigen Begleiter kommt. Die mittägliche Einkehr wird Ihrem Aussie versüßt, wenn er genüsslich ein wohlverdientes Schweineohr kauen darf. Ein anschließender Verdauungsspaziergang tut nicht nur Ihnen, sondern auch Ihrem Vierbeiner gut. Ein gut erzogener Shepherd kann Sie außerdem zum Einkaufen begleiten. Ein eifriger Apporteur trägt Ihnen danach liebend gerne etwas von Ihren Einkäufen nach Hause. So haben nicht nur Sie, sondern auch Ihr Aussie Spaß am gemeinsamen Shoppen.

Erste-Hilfe-Tipp

Hat Ihr Hund doch einmal aus Versehen ein gefährliches spitzes oder scharfes Teil gefressen, füttern Sie als Erste-Hilfe-Maßnahme sofort rohes Sauerkraut; dies wickelt sich im Verdauungstrakt um den Gegenstand, sodass dieser, meist ohne weitere Schäden anzurichten, wieder ausgeschieden wird. Kontaktieren Sie zur Sicherheit aber trotzdem auch ihren Tierarzt.

Ein gut erzogener Shepherd kann Sie auch zum Einkaufen begleiten und anschließend sogar leichtere Einkäufe selber tragen.

„Und was machen wir jetzt? Los Frauchen, ich will etwas arbeiten oder wenigstens eine Runde spielen!“.

Fragen Sie doch mal Ihren Chef, ob Sie Ihren wohlerzogenen Australian Shepherd mit ins Büro nehmen dürfen.

Viele Hunde sind außerdem wahre Autofetischisten, die einfach nur gerne mitfahren. Achten Sie hier unbedingt auf die ausreichende Sicherung Ihres Vierbeiners, ansonsten kann es im Falle eines Unfalls nicht nur gefährlich, sondern auch teuer werden, denn Tiere gelten im Auto rechtlich gesehen als Ladung. Sicherungssysteme gibt es inzwischen viele, doch leider sind nicht alle wirklich empfehlenswert. Achten Sie bei der Auswahl am besten auf vorliegende Ergebnisse von Crashtests oder DIN-Prüfungen. Auch der ADAC hat eine Liste mit Vor- und Nachteilen unterschiedlicher Sicherungseinrichtungen wie Spezialsicherheitsgurte, Trenngitter, Transportboxen & Co. herausgegeben.

Selbstverständlich gibt es viele weitere Aktivitäten, bei denen Sie Ihr Aussie begleiten kann. Ob bei einem Ausritt, einem Ausflug an einen Badesee oder bei diversen Wintersportarten. Vielleicht haben Sie auch einen hundefreundlichen Chef, der sich über einen vierbeinigen Mitarbeiter mit Aufgabenschwerpunkt „Verbesserung des Betriebsklimas“ freut. Wichtig ist bei allem, dass Sie Ihren Shepherd ganz behutsam an die jeweils neue Situation heranführen. Sparen Sie dabei nie mit Lob. Trauen Sie ihm andererseits aber auch außerhalb Ihrer vier Wände ruhig ein ordentliches Auftreten zu. Haben Sie Mut für mehr gemeinsame Unternehmungen.

Hundesitter und -tagesstätten

Sicherlich können Sie Ihren Australian Shepherd nicht immer überallhin mitnehmen. Sollten Sie länger als 5 Stunden abwesend sein, ist es besser, ihn bei einem Hundesitter unterzubringen als ganz alleine zu lassen. Idealerweise finden Sie jemanden im Freundes- oder Verwandtenkreis, der Ihren Aussie liebt und bei dem sich auch Ihr Hund wohl fühlt. Ist dieser Fall für Sie unrealistisch, fragen Sie andere Hundebesitzer, die Sie täglich beim Spaziergang treffen; vielleicht kennt jemand eine hundebegeisterte Person, die selbst keinen Vierbeiner halten kann, aber hoch erfreut über gelegentlichen Hundebesuch ist. Häufig sind Tiersitter auch Tierärzten, Tierschutzvereinen, Hundeschulen oder Zoofachhändlern bekannt. Empfehlenswert ist ebenfalls der Blick in die Kleinanzeigen Ihrer Tageszeitung oder ins Internet. Lassen Sie Ihren Shepherd lieber von einem Profi betreuen, wenden Sie sich an eine Hunde-Tagesstätte; hier sind meist mehrere Vierbeiner gleichzeitig „geparkt"; für gut sozialisierte Hunde ist dieser Aufenthalt ein großer Spaß, da sie hier viel Kontakt mit Artgenossen bekommen. Sensiblere Vertreter fühlen sich eventuell bei einem privaten Betreuer wohler, denn er kümmert sich ganz individuell ausschließlich nur um sie. Tagesstätten sind häufig Hundepensionen oder -hotels angegliedert. Hier ist der Aufenthalt in der Regel teurer als bei einer privaten Stelle. Andererseits können Sie in professionellen Betrieben oftmals Extras wie Erziehungstraining, Tierarztbesuche oder Wellnessprogramme buchen. Lassen Sie sich auf alle Fälle viel Zeit bei der Suche und Auswahl eines geeigneten Hundesitters. Sehen Sie sich vor Ort genau

Bei der Suche nach einem geeigneten Hundesitter sollten Sie sich unbedingt Zeit nehmen.

um und beobachten Sie gut, wie Mensch und Hund miteinander umgehen und aufeinander reagieren. Nur, wenn ein optimales Vertrauensverhältnis gegeben ist, werden sich beide Seiten wohl fühlen. Und nur dann können Sie beruhigt auch mal ohne Ihren Aussie unterwegs sein. Gewöhnen Sie Ihren Vierbeiner möglichst frühzeitig an die Unterbringung bei anderen Personen, dann fällt ihm später die vorübergehende Trennung von Ihnen nicht so schwer.

„Mit meinem Kunpel macht alles noch viel mehr Spaß!".

Urlaub

Längere Zeit mit der ganzen Familie rund um die Uhr zusammen sein – das ist der Traum eines jeden Aussies.

Mit dem Aussie auf Reisen

Für einen Australian Shepherd gilt „Dabeisein ist alles", daher gibt es für ihn auch nichts Schöneres als Sie im Urlaub zu begleiten. Ein sicherer Garant für eine erholsame Reise ist in erster Linie eine gute Organisation im Vorfeld.

Eine vorschriftsmäßige Sicherung des Hundes im Auto ist Pflicht.

Möchten Sie ins Ausland fahren, sprechen Sie unbedingt vor Ihren Ferien mit Ihrem Tierarzt; er wird Sie beraten und aufklären und Ihnen alle erforderlichen Medikamente mitgeben. Empfehlenswert und in einigen Ländern sogar Vorschrift ist ein Mikrochip, der dem Hund unter die Haut gespritzt wird; lassen Sie den darauf enthaltenen Code unbedingt bei einem Tierregister (siehe Kapitel „Hilfreiche Adressen") eintragen, damit Ihr Vierbeiner im Falle eines Verschwindens schneller wiedergefunden werden kann. Besorgen Sie rechtzeitig alle Grenzpapiere, fehlendes Reisezubehör und Hundefutter.

Haben Sie sich für einen hundefreundlichen Urlaubsort entschieden, geht es an die Suche einer geeigneten Unterkunft. Möchten Sie ein All-Inclusive-Paket buchen, sind Sie mit einem tierfreundlichen Hotel gut bedient. Inzwischen gibt es sogar richtige Hundehotels, in denen sich Herr und Hund gleichermaßen

verwöhnen lassen können; außerdem werden Hotels mit angegliederter Hundeschule immer beliebter. Gerade Singles treffen hier viele Gleichgesinnte und knüpfen schnell Kontakte.
Wer lieber seine Ruhe hat, gerne flexibel ist und auf Luxus gut verzichten kann, dem sei ein Ferienhaus oder -wohnung empfohlen. Hier haben Sie für sich und Ihren Aussie viel Platz und sind Ihr eigener Herr. Für abenteuerlustige Outdoorfreaks stellen urige Camping- und Hüttenaufenthalte sowie Trekkingtouren mit Hund eine reizvolle Alternative zum herkömmlichen Urlaub dar. Erkundigen Sie sich aber unbedingt vorab, ob Ihr Vierbeiner auch wirklich willkommen ist. Entsprechende Adressen und Informationen bekommen Sie über das Internet oder das Tourismusbüro Ihres ausgewählten Ferienortes.

Fahrplan für Vierbeiner

Die Wahl des passenden Verkehrsmittels gehört ebenfalls zu einer guten Urlaubsorganisation. Je nach Land und gewähltem Verkehrsmittel gibt es für die Mitnahme eines Hundes einiges zu beachten, schließlich soll schon die Anreise für alle Beteiligten stressfrei und entspannend sein. Am beliebtesten ist sicherlich die Fahrt mit dem Auto. Ihr Shepherd benötigt hier unbedingt einen eigenen Platz, an dem er vorschriftsmäßig gesichert ist.

Zur Identifizierung empfehlenswert und in einigen Ländern sogar Vorschrift ist ein Mikrochip, der dem Hund unter die Haut gespritzt wird.

Achten Sie außerdem auf ausreichend Kühlung sowie Frischluft und Wasser. Vermeiden Sie jedoch Zugluft, denn die kann zu schweren Augenentzündungen und Erkältungen führen. Regelmäßige Gassi- und Trinkpausen sind ein Muss; halten Sie dafür immer Wasserflasche und -napf griffbereit. Füttern Sie Ihren Hund zuletzt maximal vier Stunden vor Reiseantritt, ansonsten liegt ihm sein Futter unterwegs schwer im Magen. Führt Ihre Strecke über Bergstraßen, bieten Sie Ihrem Vierbeiner bei häufigem Gähnen oder Hecheln ein paar Leckerli oder einen Kauknochen an, damit sich der unangenehme Druck auf den Ohren löst. Planen Sie auf jeden Fall genug Zeit für die Anreise ein, eventuell sogar mit Zwischenübernachtungen. Die besten Reisezeiten sind morgens und abends, eventuell sogar nachts. Versuchen Sie, Staugebiete zu

Tipp!

Lassen Sie Ihren Australian Shepherd an heißen Tagen nie im Auto zurück, auch dann nicht, wenn Sie nur eine kurze Toilettenpause benötigen. Selbst geöffnete Fenster verhindern nicht die enorme Aufheizung des Autos, das für den Vierbeiner schnell zur quälenden und tödlichen Falle werden kann.

Tipp!
In Österreich und der Schweiz gelten für die Beförderung von Hunden in der Bahn ähnliche Bestimmungen wie in Deutschland. Nähere Informationen erhalten Sie bei der Österreichischen Bundesbahn (ÖBB) unter **www.oebb.at** *bzw. der Schweizer Bundesbahn (SBB) unter* **www.sbb.ch**

Tipp!
Unter **www.partner-hund.de** *finden Sie die verschiedensten Einreisebestimmungen für Reisen mit Hund ins Ausland; auch etliche Gesetze, die im Reiseland gelten, sind aufgeführt sowie diverse Inlandsbestimmungen, hundefreundliche Ferienquartiere, Reiseangebote, Checklisten, Zubehör und Bezugsquellen.*

umfahren. Kommen Sie trotzdem in einen Stau, verlassen Sie bei nächster Gelegenheit lieber die Autobahn für einen Spaziergang, bis sich der Stau wieder aufgelöst hat.

Mit der Bahn unterwegs

Für die Fahrt in einem öffentlichen Verkehrsmittel ist ein guter Benimm Ihres Shepherds eine selbstverständliche Grundvoraussetzung. Auch eine gewisse Nervenstärke ist von Nöten, denn nicht nur auf dem Bahnsteig, sondern auch im Zug selber muss Ihr vierbeiniger Begleiter häufig mit Menschenmengen und großer Enge fertig werden. Vor der Abreise ist ein langer Spaziergang wichtig, damit Ihr Hund nicht nach einiger Zeit im Zug ungeduldig wird.
Längere Aufenthalte sind für kleine Pinkelpausen nützlich. Haben Sie für den Notfall immer auch ein Kottütchen parat. Lassen Sie Ihren Aussie nie auf dem Bahnsteig frei laufen: leicht könnte er durch das Treiben dort in Panik geraten und entwischen. In der Bahn ist ebenfalls Leinenzwang angesagt. Hunde von der Größe eines Australian Shepherds müssen einen Maulkorb tragen (außer Blindenhunde) und benötigen eine Kinderfahrkarte. Weitere Infos finden Sie im Internet unter: *www.bahn.de*

Eine Bahnreise verlangt von Ihrem Aussie Nervenstärke und Souveränität.

Unterwegs in Bus und Taxi

In vielen Städten gibt es spezielle Tiertaxis. Aber auch in normalen Taxis dürfen Hunde mitfahren; erwähnen Sie aber bereits bei der Bestellung, dass Sie ein Vierbeiner begleitet. Busfahren ist in manchen Städten für Hunde kostenlos, in anderen gilt der halbe Fahrpreis. Fragen Sie entweder gleich vor Ort den Fahrer

§ Rechtstipp
Taxifahrer können von ihren Kunden nicht zum Transport größerer Hunde verpflichtet werden. Gemäß der geltenden Betriebsverordnung für Taxis dürfen Tiere nicht auf Sitzplätzen untergebracht werden. Auch die Fußräume zwischen den Sitzen bieten für große Hunde nicht genügend Platz, daher darf ein Taxifahrer einen Fahrauftrag aus Platzmangel ablehnen. OLG Düsseldorf

Das gehört ins Hundegepäck

- ✓ Leine und Halsband bzw. Geschirr
- ✓ Adressen-Schild fürs Halsband mit Urlaubsadresse und dem Reisezeitraum sowie der Heimatadresse
- ✓ Maulkorb
- ✓ Eventuell Transportbox
- ✓ Körbchen, Decke und Handtücher
- ✓ Spielzeug
- ✓ Frisches Trinkwasser und Näpfe
- ✓ Futter, Leckerli und Kauknochen
- ✓ Dosenöffner
- ✓ Bürste und/oder Kamm
- ✓ Kottütchen
- ✓ Sonnenschutz
- ✓ Reiseapotheke
- ✓ EU-Heimtierausweis/Grenzpapiere
- ✓ Versicherungsnummer und Anschrift der Haftpflichtversicherung

oder erkundigen Sie sich vorab beim örtlichen Fremdenverkehrsbüro.

„Eine Seefahrt, die ist lustig ..."

Fährüberfahrten mit einer Dauer von ein bis drei Stunden stellen für Hundebesitzer meist kein Problem dar, weil der Vierbeiner in der Regel mit an Deck darf; dies kann jedoch auch von Land zu Land verschieden sein, erkundigen Sie sich also lieber vorab bei Ihrem Reiseveranstalter. Bei längeren Strecken sind Hunde häufig wegen fehlender Unterbringungsmöglichkeiten nicht zugelassen. Manche Fähren bieten inzwischen schon spezielle Hundekabinen an. Grundsätzlich gilt auf Schiffen Leinenzwang, manchmal sogar Maulkorbpflicht. Vergessen Sie nicht Ihre Hundegrundausstattung wie Napf, Wasser, evtl. etwas Futter, eine Decke sowie den Impfpass und je nach Einreiseformalität ein Gesundheitszeugnis. Kreuzfahrten sind für Hunde tabu. Einzige Ausnahme: die „Queen Elisabeth II", sie hat ein eigenes Hundedeck.

Bei einer längeren Autofahrt sollten genügend Pausen eingeplant werden, damit sich Ihr Aussie lösen und die Beine vertreten kann.

Flugreisen mit Hund

Kleine Hunde bis zu einem Gewicht von 5 kg dürfen bei den meisten Fluggesellschaften im Passagierraum mitfliegen. Informieren Sie sich aber unbedingt vor der Flugbuchung über die genauen Mitnahmebedingungen. Auch

Damit der Urlaub für alle erholsam wird, ist eine gute Vorbereitung schon die halbe Miete.

Die Hunde-Reiseapotheke

- Eventuell benötigte Dauermedikamente
- Mittel gegen Reisekrankheit/Beruhigungsmittel (vom Tierarzt)
- Mittel gegen Durchfall
- Wundspray/Desinfektionsmittel
- Augen- und Ohrentropfen
- Floh- und Zeckenmittel
- Zeckenzange
- Schere
- Fieberthermometer
- Gaze, Verbandsmaterial
- Pfotenschutzschuh
- Rescue-Tropfen von Bach

Blinden- und Behindertenbegleithunde können unabhängig von ihrer Größe bei ihrem Führer bleiben. Vierbeiner von der Größe eines Australian Shepherds müssen in einer Transportbox im Gepäckraum untergebracht werden. Sprechen Sie vor einem Flug mit Ihrem Tierarzt und lassen Sie sich auf jeden Fall ein Beruhigungsmittel für Ihren Vierbeiner mitgeben, denn eine Flugreise bedeutet großen Stress für den Hund. Weitere Informationen zum Thema bekommen Sie unter *www.flughund.de.*

Weitere interessante Hinweise zum Thema „Urlaub mit Hund" finden Sie unter: www.ferien-mit-hund.de

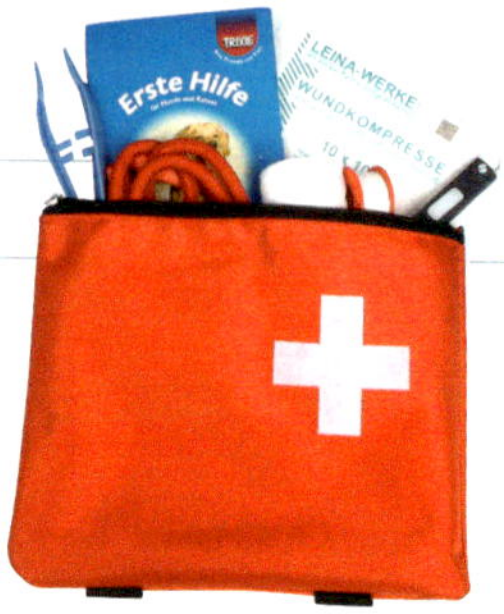

Eine Reiseapotheke darf auch für den Hund nicht fehlen.

Der Aussie in der Pflegestelle

Haben Sie ein besonders weit entferntes oder heißes Urlaubsziel im Auge, ist es besser auf die Mitnahme Ihres Aussies zu verzichten und ihn während Ihrer Abwesenheit zu Hause optimal unterzubringen. Auch diese Ferienvariante bedarf einer guten Vorbereitung; zunächst muss ein zuverlässiger, lieber Hundesitter oder eine kompetente Tierpension gefunden werden. Im Idealfall kann Ihr Shepherd bei Verwandten oder Freunden bleiben. Oftmals nimmt der Züchter seinen ehemaligen Nachwuchs gern in Pflege; vielleicht kennt er aber auch jemanden, bei dem Ihr haariger Begleiter während Ihres Urlaubs gut aufgehoben ist. Professionelle Hundepensi-

Am Verhalten Ihres Vierbeiners merken Sie schnell, ob er sich in der Pflegestelle wohlfühlt.

onen finden Sie über das Internet, das Branchenverzeichnis, Ihren Tierarzt, Tierschutzvereine, Zoofachgeschäfte, Hundevereine, den Kleinanzeigenteil Ihrer Tageszeitung oder Tierzeitschriften. Auch andere Hundebesitzer, die Ihren Vierbeiner ebenfalls schon in einer Pension untergebracht haben, können Ihnen entsprechende Tipps geben. Sogar Tierheime nehmen vorübergehende Pfleglinge auf; die Bezahlung ist hier für einen guten Zweck, denn das Geld kommt gleichzeitig dem Tierschutz zu gute.

Lassen Sie sich unbedingt viel Zeit für die Auswahl eines geeigneten Pflegeplatzes. Sehen Sie sich vor Ort genau um, sprechen Sie ausführlich mit der zuständigen Person und vereinbaren Sie vorab am besten mehrere Treffen, damit sich Ihr Aussie und der vorübergehende Betreuer schon etwas kennenlernen. Beobachten Sie das Verhalten Ihres Vierbeiners genau: schnell merken Sie, ob er sich in der neuen Umgebung wohl fühlt und ob er Vertrauen zu seinem möglichen Pfleger hat.

Nehmen Sie Abstand von Hundepensionen, die nur auf Ihr Geld, nicht aber auf das Wohl Ihres Hundes aus sind. Zahlen Sie andererseits lieber mehr, wenn Ihnen der Pflegeplatz optimal erscheint.

Haben Sie einen vertrauenswürdigen Hundesitter gefunden, schließen Sie mit ihm einen Vertrag ab. Sprechen Sie eventuelle Vorlieben, Abneigungen und Eigenheiten Ihres Shepherds an; informieren Sie ihn außerdem über die gewohnten Fütterungs- und Gassigehzeiten. Gehorcht Ihr Vierbeiner nicht absolut zuverlässig, bitten Sie den Pfleger, Ihren Hund beim Spaziergang nicht abzuleinen. Halten Sie alle wichtigen Informationen für den Sitter am besten schriftlich fest. Damit eventuelle Schwierigkeiten noch vor Ihrer Abfahrt geklärt werden können, bringen Sie Ihren Aussie am besten schon zwei bis drei Tage vor Ihrer Reise in die Betreuungsstelle.

Für die Pflegefamilie muss zusätzlich ins Hundegepäck

- ✓ Eventuell nötige Medikamente
- ✓ Ihre Urlaubsadresse bzw. Handynummer für Notfälle
- ✓ Telefonnummer Ihres Tierarztes
- ✓ Liste mit Vorlieben, Abneigungen und Eigenheiten Ihres Hundes

Vielleicht gibt es in der Pflegestelle schon einen Hund, mit dem sich Ihr Aussie anfreunden kann.

Vorsorge

Vorsorgende Maßnahmen können mit zu einem langen und gesunden Hundeleben beitragen.

Neben einer optimalen Pflege, Ernährung und Auslastung gibt es weitere vorsorgende Maßnahmen, die zu einem langen, gesunden Hundeleben beitragen. Hierzu gehören natürlich regelmäßige Entwurmungen und Impfungen (siehe Kasten). Außerdem ist ein hygienisches Umfeld wichtig: Achten Sie stets auf einen sauberen Futterplatz und gereinigte Näpfe. Waschen Sie auch das Hundebett öfters in der Maschine, damit Parasiten wie Milben oder Flöhe keine Überlebenschance haben. Suchen Sie Ihren Shepherd zudem von Frühjahr bis Herbst täglich nach Zecken ab, denn diese könnten Ihren Hund mit Borreliose infizieren. Vor starkem Befall können spezielle Präparate schützen. Ihr Tierarzt berät Sie hierzu gerne.

Physiologische Daten eines Australian Shepherds

Körpertemperatur 38 bis 39 °C (bei Welpen bis zu 39,3 °C)

Atemfrequenz 20 bis 30 Züge pro Minute

Pulsfrequenz 70 bis 100 pro Minute

Schleimhaut: rosa, feucht, glatt und glänzend, ohne Auflagerungen

Bei Stress und/oder körperlicher Belastung steigen diese Werte an

Ein wirkungsvoller Schutz vor Vergiftungen ist, Ihrem Hund schon frühzeitig beizubringen, nur auf Befehl hin zu fressen.

Die Hausapotheke Ihren Hund

- Eventuell nötige Dauermedikamente
- Mittel gegen Durchfall
- Wundspray
- Desinfektionsmittel
- Augen- und Ohrentropfen
- Flohschutzmittel
- Zeckenschutzmittel
- Zeckenzange
- Wurmkur
- Schere
- Fieberthermometer
- Gaze, Verbandsmaterial
- Pfotenschutzschuh
- Vaseline gegen rissige Ballen
- Rescue-Tropfen von Bach

Entwurmung

Führen Sie viermal im Jahr eine Wurmkur bei Ihrem Shepherd durch, um ihn vor Darmparasiten wie Band-, Rund-, Haken- und Peitschenwürmern zu schützen, mit denen er sich überall in freier Natur durch tote Wildtiere oder deren Kot infizieren kann. Möchten Sie Ihren Hund nicht routinemäßig entwurmen, sollten Sie wenigstens alle drei Monate eine Kotprobe von Ihrem Tierarzt auf Würmer untersuchen lassen, damit Sie im Falle einer Infektion schnell handeln können. Schließlich ist eine Übertragung auf Menschen ebenfalls möglich.

Eine bewährte Prophylaxe gegen Krankheitsanfälligkeit ist viel Bewegung an der frischen Luft bei jedem Wetter, denn auf diese Weise härten Sie Ihren Vierbeiner ab.

Manchen gesundheitlichen Schwachstellen Ihres Hundes können Sie gut mit Alternativmedizin begegnen und dadurch Erkrankungen vorbeugen. Hier leistet beispielsweise die Homöopathie hervorragende Dienste. Echinacea unterstützt wirkungsvoll ein geschwächtes Immunsystem. Das Anfangsmittel bei einer beginnenden Erkältung ist Aconitum. Gelsemium oder Euphorbium können bei bereits bestehendem Schnupfen und Belladonna bei Husten helfen. Zur Verbesserung des Allgemeinbefindens wird China verabreicht. Weitere wirksame

Eine Hausapotheke darf in keinem Hundehaushalt fehlen.

Rezepte hält die Kräutermedizin parat. So tun Salbei-Tee und -Honig bei Husten gut. Auch Löwenzahn- und Spitzwegerich-Honig sind empfehlenswert. Geben Sie in der Akutphase mehrmals täglich einen Teelöffel. Anfällige, alte oder geschwächte Tiere bekommen durch Zufütterung von Vitamin-C-reichem Hagebutten- oder Holunderbeerenmus neuen Schwung. Zur allgemeinen Stärkung ist Rosmarin sehr gut geeignet. Brennnessel und Löwenzahn kurbeln den Stoffwechsel an und sorgen für auf diese Weise eine bessere Fitness.

Reiben Sie rissige Ballen mit Kamillen- oder Ringelblumensalbe ein, damit sie sich nicht entzünden. Ebenso bewährt haben sich Johanniskraut- und Lavendelöl.

Behandeln Sie eine durch Schneefressen verursachte Magenreizung mit Kamillen-Tee; er wirkt entzündungshemmend und beruhigt die Schleimhaut. Legen Sie bei Bauchschmerzen warme, entspannende Kamillen-Umschläge auf den Hundebauch.

Impfungen

Impfungen sind nötig, um Ihren Vierbeiner vor einigen sehr gefährlichen Infektionskrankheiten zu schützen. Zwar kann auch ein geimpfter Hund noch an den diversen Erregern erkranken, der Krankheitsverlauf selbst ist dann aber nur leicht, schließlich hatte das Immunsystem durch die Impfung vorab schon die Möglichkeit, sich durch die Bildung von entsprechenden Antikörpern auf die Erregerbekämpfung vorzubereiten.

Folgendes Impfschema ist angeraten:

6. bis 8. Woche *Parvovirose und Staupe*

8. Woche *Hepatitis c.c., Leptospirose und Zwingerhusten*

10. bis 12. Woche *Auffrischung Parvovirose und Staupe*

12. Woche *Auffrischung Hepatitis c.c., Leptosirose und Zwingerhusten*

ab 12. Woche *Tollwut*

Das vom VDH und Tierärzten empfohlene Impfschema empfiehlt ***mit 16 Wochen eine weitere Impfung:*** *Parvovirose, Staupe, Hepatitis, Leptospirose, Zwingerhusten, Tollwut*

alle ein bis drei Jahre eine Auffrischungsimpfung *Parvovirose, Staupe, Hepatitis c.c., Leptospirose, Zwingerhusten, Tollwut*

Natürlich gehört auch ein hundesicheres Zuhause zu einer umfassenden Gesundheitsvorsorge. So ist der beste Schutz vor Unfällen die Vermeidung gefährlicher Situationen. Was Sie dabei in Ihrer Wohnung und Ihrem Garten alles beachten müssen, lesen Sie im Kapitel „Welpensicheres Zuhause“. Wenn Ihr Australian Shepherd nicht zuverlässig folgt, leinen Sie ihn in unsicherem Gelände nie ab: zu schnell kommt es zu einer Katastrophe.

Bekannte Krankheitsbilder

Je eher Sie eine Krankheit bei Ihrem Aussie erkennen, umso besser. Beobachten Sie daher Ihren Hund gut und reagieren Sie bereits bei den ersten Anzeichen einer Erkrankung. Suchen Sie frühzeitig einen Tierarzt auf, hat Ihr Vierbeiner grundsätzlich die besten Heilungschancen. Nachfolgend stellen wir einige bekannte Krankheitsbilder vor.

Hinsichtlich der Hüftgelenksdysplasie gelten in Deutschland strenge Zuchtauflagen.

Hüftgelenksdysplasie (HD)

Unter der Hüftgelenksdysplasie versteht man eine Fehlentwicklung der Hüftgelenke. Hüftpfanne und Oberschenkelkopf entwickeln sich nicht passend zueinander; weil die Pfanne zu flach, der Kopf zu klein oder nicht rund ist, umschließen sich beide Teile nicht richtig; somit liegt zu viel Spiel dazwischen, das zu einer verstärkten Reibung und Abnutzung im Gelenk führt. Dysplasien sind überwiegend genetisch bedingte Entwicklungs- bzw. Wachstumsstörungen. Da vor allem größere Rassen wie der Australian Shepherd davon betroffen sind, legen die Rassezuchtvereine in Deutschland auf eine sehr strenge Zuchtauswahl Wert, mit Erfolg, denn der Großteil der im deutschen VDH-Verein gezüchteten Aussies ist inzwischen HD-frei oder zeigt Übergangsformen bis zur leichten HD.

In Deutschland wird die HD je nach Ausprägung in fünf Stufen eingeteilt: HD A bedeutet HD-frei, HD B ist verdächtig, HD C steht für leichte HD, HD D bedeutet mittlere und HD E schwere HD. Da die Erkrankung für den Hund zunehmend schmerzhaft ist, sind erste Anzeichen Bewegungsunlust, -vermeidung und Lahmheit der Hinterläufe. Die medizinischen Behandlungsmöglichkeiten reichen von einer medikamentösen Schmerztherapie bis hin zu einem chirurgischen Eingriff. In der Alternativmedizin zeigt die Goldakupunktur beachtliche Erfolge. Unterstützend sind eine Ernährungsumstellung, die Vermeidung von Übergewicht und eine angemessene Bewegung (keine Ausdauer- und zusätzlich gelenkbelastenden Sportarten) hilfreich. Vorbeugend ist schon für den Welpen eine gesunde Kost mit einem Proteinanteil von höchstens 22 % wichtig, ansonsten wächst der Kleine zu schnell, was eine zusätzlich ungünstige Instabilität des Bewegungsapparates zur Folge hätte; achten Sie außerdem auf eine nur mäßige Beanspruchung der Gelenke (kurze Spaziergänge, möglichst wenig Treppen steigen) solange sich der Junghund noch im Wachstum befindet.

Ellbogendysplasie (ED)

Die ED ist eine genetisch bedingte Entwicklungsstörung des Ellbogengelenks. Erste Anzeichen wie plötzliche Lahmheit und Bewegungsvermeidung der Vorderbeine, die sich durch vermehrte Belastung verschlimmern, zeigen sich häufig schon bei einem Welpen. Eine eindeutige Diagnose kann jedoch erst nach abgeschlossenem Wachstum erfolgen. Durch hervorstehende Knochenteile der Elle kann es zu einer zusätzlichen Knochenabsplitterung kommen. Die Vorsorge- und Behandlungsmethoden sind ähnlich wie bei der HD. Auch bezüglich der ED herrscht in den deutschen Rassezuchtvereinen des Australian Shepherds eine strenge Zuchtauswahl, sodass es kaum ED-belastete Hunde gibt.

MDR1-Defekt

Der MDR1-Gendefekt ist gehäuft bei Collies festgestellt worden; er führt zu einer ungenügenden oder fehlenden Synthese des MDR1-Proteins. Normalerweise werden Fremdstoffe, die durch die Blutgefäße in das Hirn und andere Organe gelangen, erkannt und wieder zum Abtransport zurück ins Blut befördert. Das MDR1-Protein verhindert somit das Eindringen von Fremdkörpern und schützt die Organe vor schädlichen Stoffen. Es ist im Körper weit verbreitet und bildet unter anderem eine wirksame Absorptionsbarriere für Arznei- und Fremdstoffe im Darm; außerdem spielt es bei der Arzneimittelausscheidung in Niere und Leber eine wichtige Rolle. Fehlt das MDR1-Protein, kommt es bei vielen Arzneimittelstoffen zu einer schädlichen Überdosierung für den Organismus. Ob ein MDR1-Defekt vorliegt, kann anhand eines DNA-Tests untersucht werden. Der Club für Australian Shepherd Deutschland e. V. hat inzwischen freiwillige Kontrollen eingeführt, deren Ergebnisse in die Welpenpapiere eingetragen werden. Viele Züchter lassen ihre Hunde inzwischen untersuchen und legen Wert darauf, dass mindestens ein Elterntier MDR1-gesund ist.

Collie Eye Anomaly (CEA)

Die Collie Eye Anomaly ist eine angeborene, erbliche Anomalie unterschiedlicher Bereiche des Auges (Netzhaut, Aderhaut, Lederhaut, Sehnerv). Die Entwicklung dieser Anomalie beginnt bereits mit dem 30. Embryonaltag; sie tritt immer an beiden Augen auf, wobei der Grad der Anomalie bei jedem Auge unterschiedlich sein kann. Je nach Ausprägung wird die Erkrankung in fünf verschiedene Grade eingeteilt. Im schlimmsten Fall kann es zu einer Netzhautablösung sowie zu Blutungen im Augeninneren kommen, was wiederum zu einer Erblindung führt. Innerhalb der FCI-Zuchtvereine sind strenge Kontrollen vorgeschrieben, sodass nur mit CEA-freien Hunden gezüchtet werden darf.

Innerhalb der FCI-Zuchtvereine darf nur mit Hunden gezüchtet werden, die frei von vererbbaren Augenerkrankungen sind.

Progressive Retina Atrophie (PRA)

Die Progressive Retina Atrophie ist ein Sammelbegriff für erbliche, fortschreitende Netzhautdegenerationen mit verschiedenen genetischen Ursachen. Durch lokale Stoffwechselstörungen im Gewebe der Netzhaut wird die Netzhaut kontinuierlich zerstört. Letztendlich führt die PRA zur vollständigen Erblindung, meist um das achte bis zehnte Lebensjahr des Hundes. Eine Behandlungsmöglichkeit gibt es nicht. Die Erkrankung beginnt mit einem verschlechterten Sehvermögen in der Dämmerung oder mit Nachtblindheit. Der Club für Australian Shepherd Deutschland e. V. lässt nur PRA-freie Hunde zur Zucht zu.

Augenerkrankungen

Alle Zuchthunde müssen jährlich von einem vom VDH anerkannten Augentierarzt auf Augenerkrankungen untersucht werden; nur Australian Shepherds, die keine Augenerkrankungen aufweisen, sind zur Zucht zugelassen.

Katarakt (Grauer Star)

Unter Katarakt versteht man eine Trübung der Linse im Auge. Die Entwicklung des Grauen Stars ist in den meisten Fällen genetisch veranlagt und nicht unbedingt altersabhängig. Die Ausprägung der Trübung kann klein und unbedeutend sein, sie kann aber auch stark das Sehvermögen des Hundes beeinträchtigen. In letzterem Fall schafft, wie beim Menschen, eine ambulante Operation Abhilfe: die trübe Linse wird zertrümmert und abgesaugt; anschließend setzt der auf Augenkrankheiten spezialisierte Tierarzt eine Kunstlinse ein, die dem Vierbeiner vor allem im Nahbereich ein deutlich verbessertes Sehen ermöglicht. Die Erfolgsquote liegt bei 90 %.

Akral-Lecken

Unter Akral-Lecken versteht man eine Hautentzündung (meist an den Beinen) durch Dauerlecken des Hundes. Die Ursache scheint in einer Verhaltensstörung aufgrund von nichtartgerechter Haltung bzw. Unterforderung zu liegen. Eine symptomatische Behandlung mit speziellen Salben ist möglich; zudem ist Ablenkung und eine genügende Auslastung wichtig, um das Problem dauerhaft zu beheben.

Epilepsie

Epilepsie ist eine Anfallserkrankung, die sich in Muskelkrämpfen zeigt. Sie können als Schüttelkrämpfe oder als anhaltende Muskelanspannung auftreten und sind Folge anfallsartiger, synchroner Entladungen von Neuronengruppen im Gehirn. Gleichzeitig beobachtet man häufig Bewusstlosigkeit, Halluzinationen, Verhaltens- und Wesensänderungen, Harn- oder Kotabsatz und Speicheln. Die Diagnose erfolgt mittels einer Hirnstromkurve (EEG) oder bildgebenden Verfahren. Man unterscheidet zwischen einer primären (angeborenen) und einer sekundären (durch andere Erkrankungen erworbene) Epilepsie. Ein Anfall dauert in der Regel ein paar Minuten. Die Behandlung erfolgt als Dauertherapie mit Anti-Epileptika; auch die Homöopathie kann hier gute Erfolge erzielen. Der Club für Australian Shepherd Deutschland e. V. schließt epilepsiekranke Hunde von der Zucht aus.

Notfall-Set

- Elastische Mullbinden
- Sterile Gaze
- Selbstklebende Verbände
- Watte
- Pflasterrolle
- Verbandsschere
- Wunddesinfektionsmittel
- Antiseptisches Puder
- Brand- und Antihistamin-Salbe
- Heparin-Salbe
- Digitales Fieberthermometer
- Taschenlampe
- Brandwundentuch
- Decke
- Eventuell Maulkorb
- Ersatzleine
- Einmalhandschuhe

Alternative Heilmethoden

In der Naturheilkunde werden die Hunde ganzheitlich behandelt.

Viele Tierärzte und Tierphysiotherapeuten sind inzwischen alternativen Heilmethoden gegenüber sehr aufgeschlossen. Bei manchen Krankheiten kann eine schulmedizinische Behandlung durch alternative Verfahren ersetzt werden. Zwar dauert solch eine Therapie in der Regel länger, andererseits ist sie jedoch deutlich nebenwirkungsärmer. Auch bei chronischen Erkrankungen hat sich der Einsatz alternativer Heilmethoden bewährt. In schweren Krankheitsfällen können natürliche Verfahren mit der Schulmedizin kombiniert werden und so zusätzliche Linderung verschaffen. Im Folgenden stellen wir Ihnen einige bewährte Heilmethoden vor.

Homöopathie

Die Homöopathie, die von dem Arzt Samuel Hahnemann (1755–1843) begründet wurde, betrachtet den Menschen bzw. das Tier als Ganzes. Hier spielt nicht nur das akute körperliche Symptom eine Rolle, sondern die gesamte Persönlichkeit des Tieres mit all ihren körperlichen und seelischen Eigenheiten. Um das passende Mittel zu finden, sind also neben dem Leitsymptom auch der Wesenstyp, die Entstehung der Krankheit, der augenblickliche Zustand und weitere Besonderheiten des Patienten zu beachten. Dabei gilt der Grundsatz: Ähnliches ist mit Ähnlichem zu heilen. Homöopathika stammen überwiegend aus dem Pflanzenreich. Man verwendet aber auch Mineralien, Stoffe aus dem Tierreich, Metalle und Nosoden. Mithilfe von Wasser, Alkohol oder Milchzucker entstehen aus den natürlichen Stoffen Ursubstanzen. Diese Ursubstanzen werden nach den Angaben Hahnemanns durch entsprechende Verdünnungen zu Dezimalpotenzen (z.B. D-, C-, LM-Potenzen) verarbeitet, die der Therapeut schließlich je nach Schweregrad der Erkrankung zur Behandlung einsetzt. Homöopathische Arzneimittel gibt es als Tropfen, Tabletten, Globuli (Streukügelchen) oder Injektionslösungen. Neben den reinen

Substanzen sind auch etliche homöopathische Mischpräparate erhältlich.

Phytotherapie

Unter Phytotherapie oder Pflanzenheilkunde versteht man die Lehre der Verwendung von Heilpflanzen als Medikament. Sie gehört zu den ältesten medizinischen Therapien und ist auf der ganzen Welt in allen Kulturen verbreitet. Zum Einsatz kommen dabei ganze Pflanzen und deren Teile (Blüten, Blätter, Wurzel), dic auf verschiedene Weise (z.B. als Frischkraut, Aufguss, Auskochung, Kaltwasserauszug und Pulverisierung) zu einem Medikament verarbeitet werden. Meist verwendet der Phytotherapeut Stoffgemische, die sich bereits als gut wirksam bewährt haben. Auch die Homöopathie nutzt auf pflanzlicher Ebene die Erkenntnisse der Phytotherapie.

Wird eine Krankheit rechtzeitig erkannt, kann eine schulmedizinische Behandlung häufig völlig durch alternative Verfahren ersetzt werden.

Akupunktur

Die Akupunktur ist ein Teilgebiet der Traditionellen Chinesischen Medizin (TCM). Man geht hier von über 300 Akupunkturpunkten aus, die auf verschiedenen Meridianen (= Energiebahnen) des Körpers angeordnet sind. Durch das Einstechen spezieller Akupunkturnadeln erwärmen sich die gestochenen Punkte und bringen das Qi (= Lebensenergie) wieder in einen intakten Fluss. Die Akupunktur gehört zu den Umsteuerungs- und Regulationstherapien. Eine Sitzung dauert ca. 20 bis 30 Minuten. Der Patient wird dabei ruhig und entspannt gelagert. Eine komplette Therapie umfasst in der Regel 10 bis 15 Sitzungen. Die Akupunktur hat sich vor allem bei Schmerzpatienten bewährt. Für Hunde mit HD oder anderen Gelenkproblemen ist dies oft die letzte Chance, schmerzfrei zu werden. Eine Spezialform der Akupunktur ist die Goldakupunktur: Dabei werden kleine Goldkügelchen minimalinvasiv unter Narkose in bestimmte Akupunkturpunkte eingesetzt. Diese Goldkugeln bewirken eine Dauerakupunktur; die Schmerzleitung wird dadurch gehemmt und das Tier läuft somit wieder beschwerdefrei. Der Eingriff ist einmalig und wirkt in der Regel ein Leben lang. Die Goldakupunktur führt nicht jeder Tierarzt durch; Voraussetzung ist eine Ausbildung sowie langjährige Erfahrung in Akupunktur, ganzheitlicher Orthopädie und Chirurgie. Tierärzte mit der Zusatzbezeichnung „Akupunktur“ sind bei den einzelnen Landestierärztekammern zu erfahren.

Osteopathie

Die Osteopathie ist eine sanfte Methode, mit deren Hilfe die Selbstheilungskräfte des Körpers neu aktiviert werden. Auch der Osteotherapeut arbeitet ganzheitlich; nach einem

In der Regel ist der Australian Shepherd eine sehr robuste, gesunde Hunderasse.

ausführlichen Gespräch über den Patienten und dessen Beschwerden erspürt er mit seinen Händen Körperblockaden, die er anschließend durch bestimmte Berührungstechniken auflöst (meist sind mehrere Anwendungen nötig). Auf diese Weise kommt das Körpergewebe wieder ins Gleichgewicht und alle Körperflüssigkeiten zurück in ihren natürlichen Fluss. Osteopathie wird vor allem bei Schmerzpatienten erfolgreich angewendet, wobei der Schmerz meist nur ein Symptom einer tiefer liegenden Erkrankung bzw. Blockade ist. Immer mehr Tierphysiotherapeuten bieten zusätzlich zu ihrem herkömmlichen Leistungsspektrum Osteopathie an.

Eine Behandlung mit Akupunktur ist für viele Patienten die letzte Möglichkeit, wieder schmerzfrei zu werden.

Was ändert sich im Alter?

Hundesenioren gebührt besondere Aufmerksamkeit. Sie haben sich nach ereignisreichen Jahren des Zusammenlebens mit uns einen besonders schönen Lebensabend verdient.

Ein Australian Shepherd altert etwa ab dem 10. Lebensjahr. Dies macht sich nicht nur durch äußere Anzeichen wie dem zunehmenden Grauwerden um Schnauze und Augen bemerkbar, sondern auch durch bestimmte Wesensveränderungen und Alterswehwehchen. Ihr Aussie wird nun gelassener und ruhiger; er hat ein höheres Schlafbedürfnis als früher, sein Bewegungsdrang nimmt allmählich ab. Oftmals reagieren ältere Vierbeiner weniger flexibel auf Veränderungen. Ebenfalls häufig zu erkennen ist eine verstärkte Anhänglichkeit, nächtliche Unruhe und ein geringeres Interesse an Artgenossen. Manche Hunde zeigen sich sogar schrullig und legen plötzlich bestimmte Marotten an den Tag, die sie vorher nicht hatten. Ursache hierfür können Verkalkungen im Gehirn sein, die eine Senilität bewirken. Jetzt ist mehr denn je Ihr Humor und Ihre Lockerheit gefragt; zwar sollten Sie selbst mit einem alten Vierbeiner konsequent sein, trotzdem darf hier und da ein Augenzwinkern nicht fehlen.

Spielen hält fit

Möchte Ihr bellender Rentner noch mit Ihnen spielen, machen Sie ihm die Freude und gehen Sie auf seine Aufforderung ein; so fühlt er sich wichtig und dazugehörig. Respektieren Sie allerdings die Tatsache, dass ältere Hunde schneller die Lust am Spielen verlieren als Jungspunde; an manchen Tagen ist Ihr betagter Freund vielleicht überhaupt

nicht zum Spielen aufgelegt. Möchte Ihr Senior von heute auf morgen nicht mehr spielen, lassen Sie ihn vom Tierarzt untersuchen, denn eventuell verdirbt ihm ein akutes gesundheitliches Problem den Spaß.

Auf Spaziergängen sollte ein älterer Shepherd das Tempo selbst bestimmen können.

Auch die Leistung der Sinnesorgane lässt allmählich nach: Ihr Shepherd hört, sieht und riecht nun schlechter als früher. Viele Hunde zeigen außerdem eine erhöhte Neigung zu Übergewicht. Um den gefährlichen Folgen des Dickwerdens wie Gelenkschäden oder Herz-Kreislauf-Störungen vorzubeugen, ist eine altersangepasste Ernährung nötig.
Trotz aller Veränderungen ist es wichtig, dass Sie Ihren vierbeinigen Senior nicht als alt, senil und „unbrauchbar" abstempeln.

Der richtige Umgang

Wer rastet, der rostet

Ihr Aussie altert schneller, wenn er sich abgeschoben fühlt und nicht mehr altersangemessen gefordert wird. „Wer rastet, der rostet" gilt also auch für alte Hunde, daher ist körperliche Aktivität besonders wichtig. Sie bringt nicht nur den Kreislauf in Schwung, auch Muskeln und Gelenke bleiben beweglich. Ebenso wird die Durchblutung aller Organe angeregt und eine optimale Sauerstoffversorgung gewährleistet. Der zusätzliche Abbau von Stresshormonen führt zu ausgeglichener Zufriedenheit. Art und Umfang der Bewegung sollten Sie nach den individuellen Bedürfnissen, der Fitness und der allgemeinen, bis dahin erworbenen Kondition Ihres Shepherds ausrichten. Gehen Sie sensibel auf den Aktivitätsdrang Ihres Vierbeiners ein; beobachten Sie ihn gut und überfordern Sie ihn nicht. Ein Spaziergang, auf dem Ihr bellender Senior über sein Tempo und eventuelle Toberunden selber bestimmen darf, ist besser als eine Joggingrunde, bei der Ihr alter Freund nur mühsam Schritt halten kann. War Ihr Rentnerhund sein Leben lang begeisterter Agility-Sportler, hat er bei entsprechender körperlicher Verfassung auch noch im Alter Spaß daran, einen Parcours mit niedrigeren Hindernissen zu überqueren; untrainierte Vierbeiner sollten Sie jedoch nicht von heute auf morgen anstrengenden, ungewohnten Aktivitäten aussetzen.

Bei Spaziergängen ist Regelmäßigkeit und Gleichmäßigkeit sehr wichtig; das heißt: gehen Sie mit einem alten Aussie lieber mehrmals täglich eine halbe Stunde spazieren, als einmal am Tag ganz lang. Diese Kontinuität sollten Sie auch am Wochenende und im Urlaub beibehalten, damit der Grad der Belastung einheitlich bleibt. Achten Sie außerdem darauf, dass Ihr Senior vor einer Übungseinheit auf dem Hundeplatz, einer Toberunde mit Artgenossen oder einer kleinen Fahrradtour genügend aufgewärmt ist. Ein unvorbereiteter Kaltstart belastet Herz, Kreislauf, Muskeln, Bänder und Gelenke zu stark. Führen Sie Ihren Shepherd lieber erst in gleichmäßigem Schritttempo an der Leine spazie-

Ein kleines Päuschen tut gut. Danach kann es wieder weitergehen.

ren, ehe er sich richtig auspowern darf. Im Anschluss an eine sportliche Betätigung sollte Ihr Senior ebenfalls in ruhigem Tempo wieder abkühlen können.

Angemessene Bewegung für Seniorhunde

Um Gelenke, Muskeln und Bänder zu schonen ist eine gleichbleibende Bewegungsabfolge empfehlenswerter als beispielsweise ein wildes Ballspiel, bei dem der Hund abrupt starten und wieder abbremsen muss.

Extrem Kreislauf belastend sind hohe, schwüle Sommertemperaturen; verlegen Sie Spaziergänge und sportliche Aktivitäten mit Ihrem wedelnden Rentner an solchen Tagen also lieber auf die kühlen Morgen- und Abendstunden.

Ein toller Sommersport für alte Hunde ist Schwimmen. Der dabei ausgeführte gleichmäßige Bewegungsablauf schont den Kreislauf und die Gelenke. Hier kann Ihr Australian Shepherd auch sein Tempo und das Maß der Bewegung gut selbst bestimmen. Nichtschwimmer plantschen vielleicht lieber à la Kneipp. Nutzen Sie in der warmen Jahreszeit also jeden Bach oder Teich, an dem sie vorbeikommen. Rubbeln Sie einen empfindlichen Hund an kühlen Tagen jedoch unbedingt gut trocken, denn Nässe und Wind führen schnell zu einer gefährlichen Lungenentzündung oder einem schmerzhaften Rheumaschub. Für die kalten Wintermonate gibt es inzwischen schon vereinzelt Hundeschwimmbäder; diese sind in der Regel einer Praxis für Tierphysiotherapie angeschlossen.

Leidet Ihr Vierbeiner bereits unter körperlichen Beschwerden, müssen Sie ihn dennoch nicht völlig ruhig stellen. Bei etlichen chronischen Er-

Allroundhelfer „Spaziergang“

Regelmäßiges Spazierengehen ist für alte Hunde toll und sehr wichtig. Der Vierbeiner kann hier sein Tempo selbst bestimmen; die Bewegungsabläufe sind in der Regel gleichmäßig. Außerdem hält ein Gang an der frischen Luft viele Sinneseindrücke parat: Ihr Senior hat Kontakt zu Artgenossen und zu anderen Menschen; außerdem nimmt er unterschiedliche Gerüche wahr („Zeitung lesen“). Und: Die Bewegung draußen bei jedem Wetter stärkt das Immunsystem; empfindliche Hunde sollten Sie jedoch bei Nässe und Kälte mit einem speziellen Hundemantel vor einer Erkältung oder einem Rheumaschub schützen. Ein Spaziergang wird abwechslungsreicher, wenn Sie unterwegs kleine Spielchen oder Gehorsamkeitsübungen einstreuen; nehmen Sie es Ihrem Rentner aber nicht krumm, wenn er mal einen schlechteren Tag und somit keine Lust auf Gaudi hat. Stecken Sie zur Belohnung immer die Lieblingsleckerlis Ihres bellenden Freundes ein. Auch die regelmäßige Verabredung mit anderen Hundebesitzern macht die tägliche Bewegung kurzweiliger.

Die regelmäßige Verabredung mit anderen Hundebesitzern macht die tägliche Bewegung kurzweiliger.

krankungen trägt ein individuell abgestimmtes Mobilitätsprogramm oft sogar zur Besserung bei. In der Akutphase kann allerdings vorübergehende Ruhe nötig sein. Am besten besprechen Sie sich in einem solchen Fall mit Ihrem Tierarzt. Er klärt Sie je nach Art und Schwere des Leidens Ihres Aussies darüber auf, welche Bewegungen erlaubt und welche verboten sind. Bei Krankheiten des Bewegungsapparates kann auch eine gezielte Physiotherapie helfen.

Beschäftigungstipps für Seniorhunde

Etliche Hunde spielen noch bis ins hohe Alter, meist zwar nicht mehr mit Artgenossen, dafür aber in kurzen Sequenzen mit Herrchen oder Frauchen. Spielen macht dann nicht nur Spaß, sondern hat für ältere Vierbeiner sogar einen therapeutischen Nutzen – es bedeutet Ablenkung von kleineren Alterswehwehchen sowie Stärkung des altersmäßig häufig angeknacksten Selbstbewusstseins, denn der bellende Senior steht plötzlich wieder ganz im Mittelpunkt und erhält viel Lob, das zu neuem Stolz verhilft. Etliche Graue Schnauzen fallen durch ein lustiges Spiel sogar regelrecht in einen Jungbrunnen. Und: Hunde, die ihr Leben lang spielerisch gefordert wurden, bleiben generell länger fit und gesund. Selbstverständlich verlangt das Spielen mit älteren Vierbeinern erhöhte Rücksichtnahme auf den aktuellen Gesundheitszustand sowie die bis dahin erworbene Kondition. Ein Hund, der unter Arthrose leidet, sollte beispielsweise keine Hindernisse überspringen, kann dafür aber noch leichte Gegenstände apportieren oder eine Fährte erschnüffeln. Diverse Zipperlein sind also noch kein Grund, generell auf Spiel und Spaß zu verzichten; mit etwas Fantasie, viel Einfühlungsvermögen und Humor findet man genügend Möglichkeiten, auch einen Seniorhund altersangemessen zu fordern.

Hat Ihr Vierbeiner im Laufe seines Lebens Kunststückchen gelernt, fragen Sie diese immer wieder ab, denn das hält geistig fit.

Bieten Sie Ihrem vierbeinigen Rentner Schnüffelspiele an, die seine Sinne und die Konzentration fördern.

- *Apportieren steht bei vielen älteren Freaks noch hoch im Kurs; mit Rücksicht auf den schon abgenützten Bewegungsapparat des Hundes sollten die zu bringenden Gegenstände allerdings wenig wiegen. Ansonsten sind Ihrer Fantasie kaum Grenzen gesetzt: ob Plastikgießkanne, Zeitung, Hausschuhe oder Schirm, Ihr bellender Gentleman wird Sie sicherlich nicht enttäuschen.*

- *Bieten Sie Ihrem vierbeinigen Rentner außerdem Schnüffelspiele an, die seine Sinne und die Konzentrationsfähigkeit fördern. Da die Riechleistung im Alter abnimmt, sind stark duftende „Lockstoffe" wie getrockneter Pansen empfehlenswert, mit dem Sie beispielsweise eine Fährte durch den Garten legen können. Immer wieder beliebt ist auch das Hütchenspiel: stellen Sie drei umgedrehte Plastikblumentöpfe in etwas Abstand nebeneinander auf; unter einen Topf legen Sie vor den Augen Ihres Vierbeiners ein Leckerchen; nun vertauschen Sie mehrmals durch Verschieben die Plätze der „Hütchen". Anschließend muss Ihr Senior die Leckerei finden.*

- *Haben Sie einen alternden, aber noch fitten Sportler im Haus, lassen Sie ihn über niedrige Hürden oder durch einen höhenverstellbaren Reifen springen; Letzterer lässt sich problemlos aus einem Fahrradreifen, der in einen Skistock eingefädelt ist, selbst bauen. Auf Spaziergängen laden niedrige Baumstämme zum Überspringen ein.*

- *Arthrosegeplagte Vierbeiner dürfen ihr Können bei einem konzentrierten Lauf über ein Cavaletti-Hindernis beweisen; legen Sie hierfür eine Leiter auf den Boden und achten Sie darauf, dass Ihr wedelnder Gefährte eine Pfote nach der anderen in die Sprossenzwischenräume setzt. Auch ein Slalom durch diverse aufgestellte Hindernisse oder durch Bäume im Wald ist beliebt.*

- *Hat Ihr Vierbeiner im Laufe seines Lebens Kunststückchen gelernt, fragen Sie diese immer wieder ab, denn das hält geistig fit. Hunde, die hier über Jahre hinweg trainiert wurden, lernen selbst noch im Alter problemlos neue Tricks. Aber auch für eher ungeübte Rentner ist eine Neueinstudierung leichter Übungen wie Sich-Schlafend-Stellen oder Pfotegeben machbar und sinnvoll, denn durch Kopfarbeit bleiben ergraute Schnauzen deutlich länger jung. Selbst die wiederholte Abfrage des Grundgehorsams ist für alte Hunde eine wichtige Bestätigung.*

Das gemeinsame Spielen mit einem Seniorhund bringt nicht nur viel Spaß und neue Lebensfreude, sondern schweißt Sie noch enger zu einem tollen Team zusammen. Nützen Sie die Zeit miteinander so lange es geht!

Pflege und Wellness

Richtig verwöhnen können Sie Ihren vierbeinigen Liebling mit einigen Anwendungen aus dem Wellnessbereich. So wird durch eine entspannende Bürstenmassage beispielsweise nicht nur abgestorbenes Haar herausgekämmt, sondern auch die vermehrte Durchblutung der

Lassen Sie Ihren vierbeinigen Senior im Fall der Fälle von den Fortschritten der Tiermedizin profitieren; er hat es sich redlich verdient!

Haut angeregt. Intensives Streicheln wirkt ebenfalls wie eine angenehme, vitalisierende Massage. Massieren Sie Ihren Aussie sanft mit kreisförmigen Bewegungen. Lockernd wirkt ein leichtes Kneten und Rollen von Haut und Muskeln. Eine sanfte Aromatherapie kann Hundesenioren zu neuer Energie verhelfen; sie stärkt den Kreislauf, aktiviert die Abwehrkräfte und fördert die seelische Ausgeglichenheit. Außerdem wird ihr eine besonders erfrischende Wirkung nachgesagt. Geben Sie zwei bis drei Tropfen der ätherischen Öle entweder in eine Duftlampe, in ein Kräutersäckchen oder direkt auf den Liegeplatz des Hundes, allerdings sehr sparsam dosiert, damit die feine Hundenase den Geruch nicht als störend empfindet. Für ältere Vierbeiner sind besonders Lavendel, Zitrone, Grapefruit, Orange, Geranium und Muskatellersalbei empfehlenswert, denn sie haben auf den gesamten Organismus eine stärkende und aufbauende Wirkung.

Eine sanfte, sparsam dosierte Aromatherapie kann Hundesenioren zu neuer Energie verhelfen.

Neue Lebensqualität durch alternative Heilmethoden

Leidet Ihr Australian Shepherd bereits unter gewissen Altersbeschwerden, versprechen unterschiedliche Verfahren aus der Naturheilkunde Linderung. So hält die Homöopathie mit Präparaten wie Echinacea zur Stärkung der Abwehrkräfte, Crataegus zur Anregung und Stabilisierung der Herztätigkeit und Vermiculite gegen Zahnstein und Zahnfleischentzündungen bewährte Mittel bereit. Bachblüten helfen bei Tieren mit altersbedingten Wesensveränderungen. Damit Sie das richtige Präparat für Ihren Hund finden, beraten Sie sich am besten mit Ihrem Tierarzt.

In der Schmerztherapie erzielt die Akupunktur sehr gute Erfolge. Schmerzmittel lassen sich dadurch meist deutlich reduzieren, manchmal werden sie sogar gänzlich überflüssig. Die Akupressur ist eine Abwandlung der Akupunktur; hier ersetzen die Berührung und der Druck der Finger die Nadeln. Dies wirkt sich nicht nur sehr positiv und entspannend auf den Körper aus, sondern auch auf die Seele des Vierbeiners.

Auch einfache Hausmittel tun Ihrem Hundesenior gut. Leidet Ihr Aussie beispielsweise an Rheuma, legen Sie eine Wärmflasche oder ein erwärmtes Dinkel- oder Kirschkernkissen in den Hundekorb; ein auf diese Weise vorgewärmtes Körbchen wirkt sich auch bei Hunden mit Gelenkproblemen sehr positiv aus. Hat Ihr bellender Senior

Bachblüten helfen häufig bei Tieren mit altersbedingten Wesensveränderungen.

Pflege-Tipps für Seniorhunde

- ✓ *Bürsten bzw. kämmen Sie Ihren Australian Shepherd regelmäßig.*
- ✓ *Kontrollieren Sie die Haut auf Veränderungen und eventuelle Liegeschwielen, außerdem die Krallen.*
- ✓ *Regelmäßige Zahnkontrolle sowie Zähneputzen sind empfehlenswert, denn Prophylaxe schützt wirksam vor vielen Zahnproblemen.*
- ✓ *Tasten Sie Ihren Senior wöchentlich nach eventuellen Veränderungen ab.*
- ✓ *Reinigen Sie regelmäßig Augen, Ohren, Scham bzw. Penis.*
- ✓ *Lassen Sie auch den älteren Australian Shepherd alle drei bis vier Monate auf einen Wurmbefall hin untersuchen.*
- ✓ *Rauchen Sie nicht in der Gegenwart Ihres Hundes, denn Passivrauchen beschleunigt den Alterungsprozess.*
- ✓ *Geben Sie Ihrem Vierbeiner einen warmen, weichen und vor Zugluft geschützten Schlafplatz, den Sie hygienisch sauber halten.*
- ✓ *Gehen Sie ein- bis zweimal im Jahr mit Ihrem Hund zur Altersvorsorgeuntersuchung zu Ihrem Tierarzt.*

nach einer längeren Wanderung Muskelkater, schaffen Einreibungen und Umschläge mit Arnikasalbe oder verdünnter -tinktur Erleichterung. Gerade in der kalten Jahreszeit bewährt sich diese Behandlung ebenfalls bei älteren Hunden mit rheumatischen Muskel- oder Gelenkbeschwerden.

Ein weiteres sehr breites Heilungsspektrum bietet die Physiotherapie, die neben spezieller Krankengymnastik diverse Wasser-, Massage- und Magnetfeldtherapien beinhaltet. Lassen Sie also Ihren vierbeinigen Senior im Fall der Fälle neben dem eigenen Verwöhnprogramm auch von den therapeutischen Fortschritten der Tiermedizin profitieren. Er hat es sich nach Jahren treuer Freundschaft redlich verdient!

Extra-Tipp

Füttern Sie im Sommer nicht in der größten Mittagshitze: ein voller Bauch wirkt bei großer Hitze zusätzlich kreislaufbelastend. Lassen Sie Ihren Senior nach dem Fressen mindestens 1 Stunde ruhen.

Ernährung

Eine dem Alter entsprechend angepasste Ernährung darf natürlich nicht fehlen. Damit Ihr Shepherd nicht übergewichtig und dadurch zusätzlich träge wird, sollten Sie ihn langsam auf eine leichtere, energieärmere Nahrung umstellen, immerhin sinkt der Energiebedarf Ihres Hundes im Alter um etwa 20 %. Füttern Sie nun zwei- bis dreimal am Tag, denn mehrere kleine Portionen sind leichter zu verdauen als eine Große. Achten Sie unbedingt auf die Linie Ihres Aussies, denn schlanke Hunde sind gesünder und leben länger. Im Fachhandel erhalten Sie spezielles Seniorfutter, das extra auf die Bedürfnisse und den verlangsamten Stoffwechsel alter Hunde abgestimmt ist; bei diversen Erkrankungen bekommen Sie ein genau abge-

stimmtes Diätfutter über den Zoofachhandel oder Ihren Tierarzt. Allgemein sollte Seniorfutter besonders schmackhaft und hochverdaulich sein. Geben Sie keine Nahrungsergänzungsmittel (Vitamine, Mineralstoffe), ohne es vorher mit Ihrem Tierarzt abgesprochen zu haben, denn auch Vitamine oder Mineralien können überdosiert schaden. Täglich frisches Trinkwasser darf natürlich nicht fehlen. Nimmt der Durst Ihres Shepherds ab, stellen Sie ihn auf Nassfutter (Dosenfutter) um oder mischen Sie seinem herkömmlichen Futter zusätzlich Wasser bei.
Stecken Sie Ihrem Vierbeiner keine Süßigkeiten und Essensreste zu; dies wäre falsch verstandenes Verwöhnen und schadet älteren Hunden besonders. Belohnen Sie nur mit echten Hundeleckerlis; inzwischen gibt es sogar schon Leckereien in Senior- oder Lightqualität.

Leckerli-Spaß für Seniorhunde

Möchten Sie Ihren australischen Rentner mal mit selbst gebackenen Leckerlis verwöhnen, dann probieren Sie folgendes Rezept aus.

100 g feine Senior-Hundeflocken,
2 Eier und 4 TL Senior-Dosenfutter

Alle Zutaten werden in einer Schüssel zu einem Teig verarbeitet. Daraus formen Sie nun kleine Bällchen, legen diese auf ein mit Backpapier ausgelegtes Backblech und lassen sie ca. 35 Minuten bei 175 °C im bereits vorgeheizten Backofen fest werden.

Dieses Rezept ist für jeden Hundetyp geeignet, denn ganz gleich, ob er Diätfutter braucht oder in Bezug auf Leckerli besonders wählerisch ist, Sie können dafür Ihr ganz normales tägliches Hundefutter verwenden. Füttern Sie normalerweise keine feinen Flocken, sondern

Die meisten Aussies haben einfach immer Hunger. Gerade bei dem Senior ist es aber doppelt wichtig, genau auf sein Gewicht zu achten.

gröberes Futter, wird dies vorher einfach in einer Küchenmaschine zerkleinert.
Damit der Spaß komplett wird, kann sich der Vierbeiner seine „Plätzchen“ erarbeiten; dazu darf natürlich die richtige Verpackung nicht fehlen. Hier empfiehlt sich beispielsweise eine kleine Papiertüte oder ein ausrangiertes Stofftaschentuch. Aber auch ein alter Socken birgt, mit den Leckerlis gefüllt, einen großen Auspackspaß für den Hund und ist, geleert, anschließend auch noch ein tolles Spielzeug. Eine weitere geeignete Verpackung ist eine kleine Schachtel, beispielsweise von einer Glühbirne, oder einfach nur altes Zeitungspapier.

Abschied

Leider währt ein Hundeleben nicht ewig und so ist auch irgendwann nach Jahren des gemeinsamen Zusammenlebens die Zeit des Abschieds gekommen. Manche Senioren schlafen einfach friedlich ein. Oft wird der Hundebesitzer jedoch in die verantwortungsvolle Pflicht genommen, über Leben und Tod des Hundes selbst zu entscheiden. Leidet Ihr Aussie und wird ihm das Leben zur Qual, weil selbst die Tiermedizin an ihre Grenzen kommt und ihm seine Schmerzen nicht mehr nehmen kann, ist es an der Zeit, ihn von seinem

Der Abschied von einem geliebten Hund ist sehr schwer.

Tierbestattungen

Adressen von Tierfriedhöfen und -krematorien in Ihrer Nähe bekommen Sie über den Bundesverband der Tierbestatter e. V.: www.tierbestatter-bundesverband.de Eventuell können Ihnen aber auch Ihr Tierarzt oder der örtliche Tierschutzverein weiterhelfen.

Leiden zu erlösen. In der Regel kommt ein Tierarzt hierfür auch zu Ihnen nach Hause, damit dem gebrechlichen Vierbeiner weiterer Stress durch einen unnötigen Transport erspart bleibt, und er in seiner gewohnten Umgebung ruhig für immer einschlafen darf.

Natürlich ist der Abschied von Ihrem langjährigen, treuen Begleiter mit großer Trauer verbunden. Haben Sie sich jedoch sein Hundeleben lang auf seine Bedürfnisse eingestellt und waren Sie in guten wie in schlechten Zeiten für ihn dar, ist die Gewissheit eines erfüllten, schönen Hundelebens, das Ihr Shepherd bei Ihnen hatte, vielleicht ein kleiner Trost. Da die Trauer um einen geliebten Vierbeiner nicht zu unterschätzen ist, gibt es inzwischen in vielen Orten Tierfriedhöfe oder -krematorien, die durch einen ganz bewussten Abschied und einen festen Ort der Trauer, den man jeder Zeit besuchen kann, die Trauerarbeit und das Loslassen erleichtern.

Selbstverständlich wird Ihr verstorbener Aussie unersetzlich bleiben, trotzdem stellt sich Ihnen nach einiger Zeit vielleicht wieder die Frage nach einem neuen Hund. Stimmen auch dann noch alle Voraussetzungen für eine Anschaffung, ehren Sie das Andenken an Ihren Shepherd, indem Sie sich einen neuen Aussie anschaffen. Aber machen Sie nicht den Fehler, ihn mit Ihrem vorigen Hund zu vergleichen. Jeder Vierbeiner ist absolut einmalig und auf seine ganz eigene Weise liebenswert.

Geben Sie irgendwann – wenn Sie es möchten – einem neuen Hund eine Chance.

Hilfreiche Adressen und Links

Rassezuchtvereine Deutschland

Club für Australian Shepherd Deutschland e. V.
Barbara Derer (Welpenvermittlung)
Thüringer Str. 4
D-79211 Denzlingen
Tel: 07666-43 24
www.australian-shepherd-ig.de

Österreich

Australian Shepherds of Austria
Verein zur Förderung der Hunderasse Australian Shepherd
Gabi Glaser (Welpenvermittlung)
Hausfeldstr. 22/R8/H9
A-1220 Wien
Tel: 0043-(0)699-10 29 77 99
www.australianshepherds.at

Schweiz

Australian Shepherd Club Switzerland (ASCS)
Raffaella Meneghello (Info-Stelle)
Kirchweg 176
CH-5044 Schlossrued
Tel: 0041-(0)62-721 73 20
www.australian-shepherd-club.ch

Kynologenverbände

Verband für das Deutsche Hundewesen (VDH)
Westfalendamm 174 (Geschäftsstelle)
D-44141 Dortmund
Tel: 0231-565 00-0
Fax: 0231-59 24 40
www.vdh.de

Österreichischer Kynologenverband (ÖKV)
Siegfried-Marcus-Str. 7
(Geschäftsstelle)
A-2362 Biedermannsdorf
Tel: 0043-(0)2236-71 06 67
Fax: 0043-(0)02236-71 06 67-30
www.oekv.at

Schweizerische Kynologische Gesellschaft (SKG)
Brunnmattstrasse 24
(Geschäftsstelle)
CH-3007 Bern
Tel: 0041-(0)31-306 62 62
Fax: 0041-(0)31-306 62 60
www.hundeweb.org

Haustierregister

Deutscher Tierschutzbund e. V.
Baumschulallee 15
(Geschäftsstelle)
D-53115 Bonn
Tel: 0228-60 49 60
Fax: 0228-60 49 640
www.tierschutzbund.de

TASSO e. V.
Haustierzentralregister
Frankfurter Straße 20
D-65795 Hattersheim
Tel: 06190-93 73 00
Fax: 06190-93 74 00
www.tiernotruf.org

Internationale Zentrale Tierregistrierung (IFTA)
Nördliche Ringstraße 10
D-91126 Schwabach
Tel: 00800-43 82 00 00
Fax: 09122-88 51 989
www.tierregistrierung.de

Interessante Links zu Internetseiten rund um den Hund:
www.partner-hund.de
www.hundefinder.de/hundeschulen
www.ferien-mit-hund.de
www.flughund.de
www.haustierratgeber.de

Der Verlag ist nicht für den Inhalt von Internetseiten und deren Links verantwortlich

Dank

Mein besonderer Dank gilt Brigitte Buggisch und Ihrem Zwinger „Vom Krabbenest" für die fachliche Mitarbeit und Beratung. „Tierfotografie Brinkmann" (www.brinkmanntierfoto.de) und allen zwei- und vierbeinigen Modells möchte ich für die professionelle Bebilderung danken, die so ein Buch erst lebendig macht. Sandra Behrens danke ich besonders für Ihren Einsatz und ihr unermüdliches Engagement.
Des Weiteren danke ich der Firma Trixie für die freundliche Bereitstellung sämtlichen Hundezubehörs und Vroni Reisinger für die fotografische Unterstützung.
Außerdem gilt mein Dank Familie Schmitt und Tobias Volg für ihren steten Rückhalt in allen Fragen und Bereichen sowie meinen Redaktionshunden „Luzie" und „Peggy" für ihr beruhigendes Schnarchen während meiner Arbeit und unsere gemeinsamen, entspannenden Spaziergänge und Spielrunden zwischendurch.

Bildnachweis
Alle Bilder Bernd Brinkmann
Außer:
Isabelle Francais, Seiten: 8 oben, 25 links, 48 unten rechts, 49 unten, 68 unten, 70 unten, 94 unten
Alban und Kirstin Kettenacker, Seiten: 23 unten, 26 unten, 46 unten, 48 unten links
Annette Schmitt, Seiten: 72 oben, 74 oben, 77, 119 unten (2), 121 links
Christine Steimer, Seite: 106 oben
Trixie, Seiten: 34(3), 36(3), 37 (2), 48(2), 49 oben, 70 oben, 102 oben

Register

Impressum

Bibliografische Information der Deutschen Nationalbibliothek
Die Deutsche Nationalbibliothek verzeichnet diese Publikation in der Deutschen Nationalbibliografie; detaillierte bibliografische Daten sind im Internet über http://dnb.d-nb.de abrufbar.

Wollgrasweg 41, 70599 Stuttgart (Hohenheim)
E-Mail: info@ulmer.de
Internet: www.ulmer.de
Umschlagentwurf: Sojus Design, Kai Twelbeck, Stuttgart
Titelfoto: Zoonar/Carola Schubbel
Repro: Timeray, Herrenberg
Druck und Bindung: Firmengruppe Appl, aprinta Druck, Wemding, Germany
Printed in Germany

ISBN 978-3-8001-9865-8